公式より大切な「数学」の話をしよう

Plussen en minnen
Wiskunde en de wereld om ons heen

Stefan Buijsman
ステファン・ボイスマン
塩﨑香織=訳

NHK出版

ブックデザイン
鈴木成一デザイン室

本書の出版にあたり、オランダ文学基金の助成金を受けました。

Nederlands letterenfonds
dutch foundation
for literature

公式より大切な「数学」の話をしよう　目次

・本文中の［　　］は訳注を表す。
・本文中の書名のうち、邦訳のあるものは邦題を表記し、邦訳がないものは原題の直訳を表記した。

はじめに——数学は何の役に立つのか

高校時代の数学の授業風景が思い浮かぶ。先生をぼんやり眺める僕。電子黒板にはたくさんの数式と、何本かの接線を持つ山型のグラフ。高校で数学を選択した人ならだれでもそうだろうが、公式やグラフの使い方は丸暗記するしかなかった。あのころの僕は天文学科志望で、それが自分のせっかちな性格に向かないとはまだ知らずにいた。もしわかっていたら、どうしていただろう。いまの僕の仕事では、自分の手で計算する必要はまずないが、もし高校生の自分にそのことがわかっていたら？　きっとグーグルに、こう打ち込んだだろう。「数学は何の役に立つのか」

いまオランダ語で同じ語句を検索してみると、最上位にくるのはオランダの日刊紙のコラムだ。ピタゴラスの定理を知っていると、ピザを注文するときに便利（かもしれない）

という話。ＳサイズとＭサイズを１枚ずつ頼むのが得か、Ｌサイズを１枚にすべきか。ここでふれられている数学の実用性は、あまりに限定的だ。そもそもグーグル検索で答えを見つけるにも、数学を使わなければ、およそ関係のない記事が表示されていることだろう。いわゆる検索エンジン（グーグルだけではない）は、数学を賢く使ってこそ機能するものだ。コンピューターがあつかうのは「１」と「０」。この処理をはじめ、僕が打ち込んだ質問への答えとして最適の情報を選ぶプロセスにも、数学はかかわっている。

インターネット上の情報検索は、セルゲイ・ブリンとラリー・ペイジが１９９８年に発表した画期的な技術のおかげで大きく進歩した（２人はのちにグーグルを創業する）。それ以前は、たとえば「ビル・クリントン」と検索すると、最初に出てくるのはクリントン本人の写真と「本日のジョーク」しかのっていないページだった。ヤフーのサイトで「Ｙａｈｏｏ」と検索しても、当のＹａｈｏｏ！サイトは検索結果のトップから10番目までにも登場しないありさま。こんなことが起きなくなったのは、数学が活用されているからだ。

日常のさまざまなことが「数学のおかげ」と言われても、かつての僕と同じような思いを抱えている人はまだ多いはずだ。黒板いっぱいに書かれた数式。そのひとつひとつの意味はよくわからないし、どれもふだんの生活で目にするものではない。数学について「わけがわからない」「使えない」という反応が多いのも当然だ。

ところが、逆は真なり。数学は現代の社会で重要な役割を果たしているし、数式の成り立ちを追ってみれば、意外と理解しやすかったりもする。グーグルは独自の手法で情報を選別するが、そこからは良くも悪くも数学が日常生活に及ぼす影響の大きさがうかがえる。グーグルやフェイスブック、ツイッターなどは便利な一方、副作用もある。個人の主張がSNSや検索エンジンを介して広まり、影響力を拡大していくことだ。連日流れるフェイクニュースとの戦いは簡単ではないが、これはしくみにも原因がある。インターネット上では、自分の意見を裏づける情報が目に入りやすいのはなぜか、そしてそのしくみの変更がどれほど難しいかを理解しなければ、まともな対策はとれないだろう。

数学は役に立つ。本書で示したいのはこのことだ。あんなにつかみどころのなかった数学と、僕はいまそれなりにうまく付き合っている。その意味では、本書は高校時代の自分に向けて書いたとも言えるが、もともとは、学校を出ればわずらわしい数学の計算など忘れてもこまらないと思っている人（昔の僕もここに入る）を想定して書いていた。現在の僕は数学の哲学者で、数学の成り立ちと、人間が数学をどうやって身につけるかについて考えている。この立場から、仕事で必要かどうかには関係なく、数学の実際的な価値はとても大きいことを理解している。数学は公式だけで片づけられるものではない。だから本書に公式や数式はほとんど登場させなかった。具体的な計算が求められるときに公式は便利だが、それにたよるあまり、ベースとなる考え方の理解がおろそかになってしまうこともよくあるからだ。

数学は、多くの人が思うほど無意味で不可解なものではない。むしろその逆だ。このことを示すために、本書ではいくつかの数学の領域とその背景にある考え方を取りあげる。数学のなかには、おどろくほど応用範囲が広く、だれでもたやすく理解できる分野がある。数式を使わずに説明できれば、さらにとっつきやすい。たとえば、グラフ理論。グーグルなどの検索エンジンでは検索結果の順位づけに使われるが、がん患者の治療効果を予測したり、都市の交通状況を把握したりするためにも、同じ理論が役立てられている。

統計学と微分積分法についても見ていく。この分野の基礎となる考え方は意外と単純なものが多く、しかも学校で習った印象よりずっと実用的だ。まず、だれもが毎日のように目にしている数学といえば統計学だろう。政治・経済、あるいは犯罪・事件のニュースで伝えられる数値は、ほとんどすべて統計にかかわりがあるが、解釈に迷う数値や根拠が不明のデータが多いのも事実だ。統計には真実でないことを信じさせる危険があると指摘されたのは100年もまえのことだが、それにはもっともな理由があった。以来、この警告の意味は、ますます大きくなるばかりだ。

一方、微分と積分の使われ方は、グラフ理論のそれに近い。さまざまに役立てられているが、そこに数学がからんでいることはあまり知られていない。産業革命から現在まで、微積分によって可能になった技術はいくつもある。蒸気機関の効率改善に始まり、自動車の開発や高層ビルの建築、すべてそうだ。歴史を変えた数学の一分野をあげるとすれば、それは微積分だと言えるだろう。

現代社会では、数学があらゆる場所で活用されているが、そのことをくわしく見ていくまえに数学の起源に立ち返っておきたい。といっても、歴史に残る大問題の複雑な計算を見直したり、大昔の学者たちの記録を調べたりするわけではない。追ってみたいのは、人類の歴史そのものだ。

人間はだれしも相当な数学のスキルを生まれつき持っていて、わざわざ数学を習わなくても生き延びることはできる。ところが、歴史を見れば明らかなように、社会集団が大きくなると、とたんに能力の限界が表面化する。社会が拡大していくと、ある時点で数学を使わなければうまく管理できなくなり、算術と幾何の知識が求められるようになるのだ。数学らしきものをいっさい使わずに存続している文化もあるが、社会集団はいずれも小さく、都市を建設したりするような規模ではない。なお、共同体を組織しようとする際、あるいは安全の確保や家屋その他の建設、食料の管理のためには、数学が持つ抽象性が必要になる。数学を用いると問題が単純化され、現実の世界が把握しやすくなるからだ。

数学の実用性を考えるとき、数学が現実にどう使われているかを検討するだけでは十分ではない。これは第一に哲学の問題だ。だから、本書は哲学への寄り道で始まり、哲学にふれて終わることにしよう。数学の哲学者（僕もその1人だ）は、何世紀にもわたって数学とは何かを考え、公式や計算にはさほどこだわらずに数学の応用の可能性を研究してきた。解決の方向すら定まらない部分もまだあるが、哲学の領域では答えの輪郭がかなり明確になりつつある。

それでも、数学についてどう思うか、用意された答えのどれがいちばんふさわしいと考えるかは、最終的には自分で決めなくてはならない。哲学の問いとはおおむねそういうものだ。数学の現状の使われ方についても、ひとりひとりで判断してほしい。たとえば、フェイスブックの利点はその欠点を補うだろうか。この答えは読者にゆだねるが、本書ではこういったテクノロジーに数学が果たしている役割のほか、いまやだれもが知っているネガティブな側面にもふれる。そしてこの問題が、システムの基盤となる数学的思考を多少変更するくらいでは解決できないことを説明してみたい。

1

数学は
どこにでもある

—— エスプレッソマシンからオートパイロットまで

グーグルマップを使うたびに、僕たちは数学の世話になっている。アプリで目的地を入力すると、数秒で複数のルートが表示されるのは、数学をうまく使っているからだ。

ここで、グーグルは地図を読むのがものすごく得意な人間にルートの計算をさせていると想像してみよう。ルート検索のたびに、だれかが計算に取りかかるのだ。このやり方は相当な時間がかかるだけでなく、効率もかなり悪い。たとえば、僕は自宅から友だちの家まで何分かかるかをどうやっても覚えられないのだが、そういう場合、グーグルの中の人は同じルートをたびたび計算することになるだろう。そこでグーグルとしては、さまざまなルートをあらかじめ人力で検索して保存しておき、必要に応じてそれを取り出す方式がベストだと考えるかもしれない。

それで問題は解決するだろうか。まったく同じルートを別々のユーザーが検索する確率は、それほど高くない。僕のお隣さんが、僕の友人の家を訪ねたりすることは絶対にないだろう。だれが次にどんなルートを検索するか予測できないかぎり、グーグルが新しいルートを調べる人手はつねに必要だ。それに、どんなに早く地図を読めたとしても、人力ではそれなりの時間がどうしてもかかってしまう。

地下鉄の移動ルートを知る

そんなわけで、グーグルは数学にたよることにした。コンピューターは、人間がするように衛星写真から道路を判断したり、地図の縮尺から距離を換算したりすることはできない。ナビゲーションシステムがとらえる世界のイメージは、いくつもの円が互いに線で結ばれたものだ。これは「抽象化」といって、人間もやっている。たとえば地下鉄の路線図。次ページに大阪の地下鉄路線図をあげる。

グーグルマップで用いられる数学にとっていちばん検索しやすいのは、移動手段が一種類、この場合なら地下鉄のみで移動するルートだろう。路線図がそのまま使えるからだ。コンピューターは、線をたどって駅から駅へと移動するパターンを順番に計算していく。コンピューターが抱える唯一の問題は、ネットワークの全体が見通せないことだ。たとえば、次の路線図の中ほど左寄りにある心斎橋から右上の大日《だいにち》までの行き方を調べてみよう。

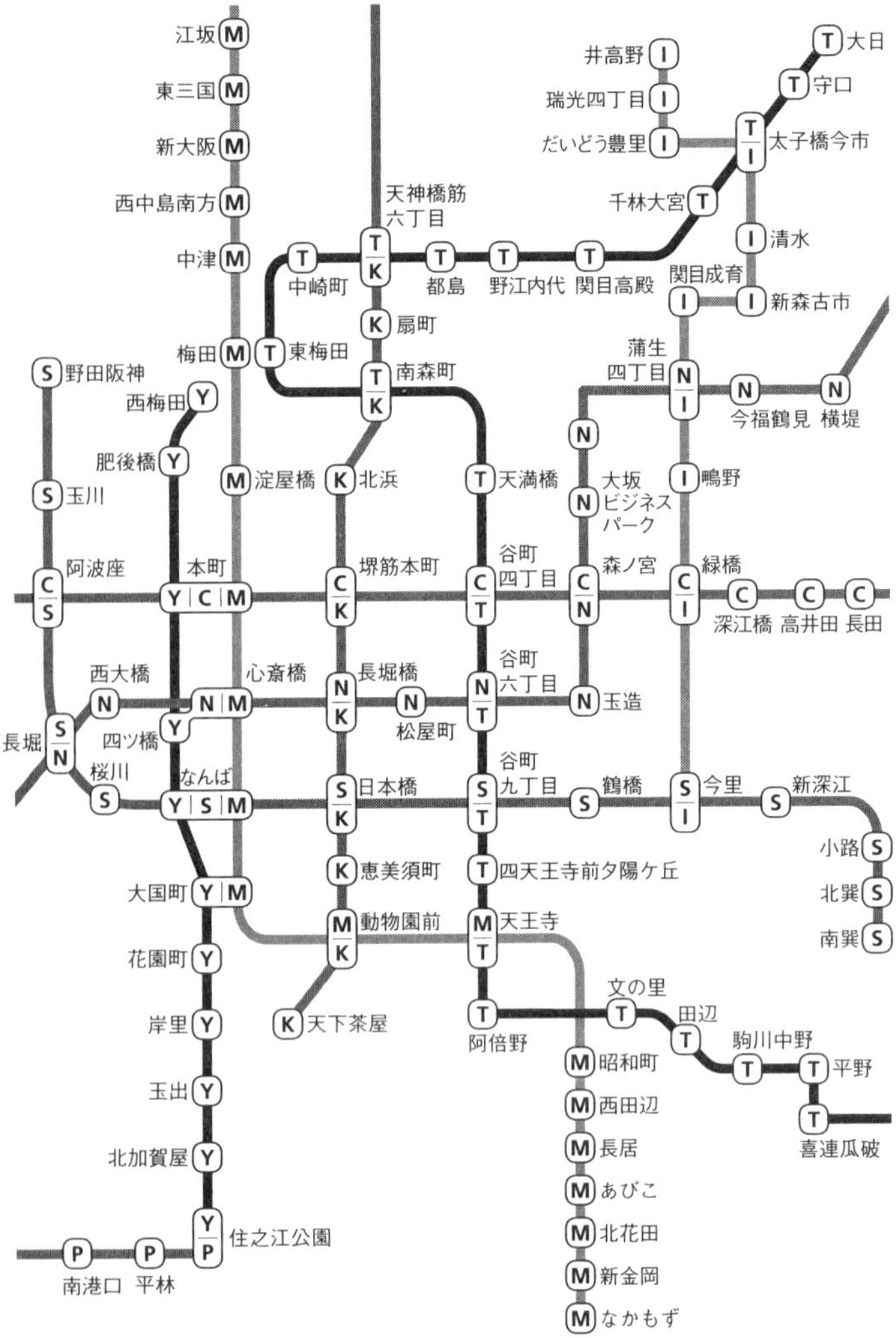
江坂
東三国
新大阪
西中島南方
中津
梅田
東梅田
中崎町
天神橋筋
六丁目
都島
野江内代
関目高殿
千林大宮
太子橋今市
守口
大日
井高野
瑞光四丁目
だいどう豊里
清水
関目成育
新森古市
扇町
南森町
蒲生
四丁目
今福鶴見
横堤
野田阪神
西梅田
肥後橋
淀屋橋
北浜
天満橋
大坂
ビジネス
パーク
鴫野
玉川
阿波座
本町
堺筋本町
谷町
四丁目
森ノ宮
緑橋
深江橋
高井田
長田
西大橋
心斎橋
長堀橋
松屋町
谷町
六丁目
玉造
西長堀
四ツ橋
桜川
なんば
日本橋
谷町
九丁目
鶴橋
今里
新深江
小路
北巽
南巽
恵美須町
四天王寺前夕陽ケ丘
大国町
動物園前
天王寺
花園町
天下茶屋
阿倍野
文の里
田辺
駒川中野
平野
喜連瓜破
岸里
昭和町
西田辺
玉出
長居
北加賀屋
あびこ
北花田
住之江公園
新金岡
なかもず
南港口
平林

大阪の地下鉄路線図

人間なら簡単だろう。心斎橋は御堂筋線（路線M）と長堀鶴見緑地線（N）が通る駅で、大日は谷町線（T）が通る駅だ。路線MとTは梅田で乗り換えができる（梅田と東梅田間は徒歩で乗り換えが可能）。つまり、おそらくいちばん簡単で、なおかついちばん速いのは、心斎橋から路線Mで梅田（東梅田）に行き、そこから路線Tで大日まで行くルートだ。

これをコンピューターでやってみると、大日に到着するまでにもっと回り道をする。グーグルマップの背後にある数字では、心斎橋と大日の位置関係が一目《ひとめ》でわかるような図は登場しない。コンピューターは、目的地に到着するまで、いきあたりばったりの移動をひたすら繰り返す。しかも、1つの駅からべつの駅に移動するのにかかる時間を把握していなければならない。言うまでもないが、地下鉄路線図の線の長さは、停車駅間の距離や所要時間を正しく表してはいない。たとえば、下のほうにある路線Mの新金岡からなかもずまでは、その上にある天王寺から昭和町までよりも、路線図の線は短いが、実際の所要時間は長くかかる。

距離感の問題は、路線に沿って各区間の走行に要する時間を示す数値を記載することで解決できる。コンピューターはこの数値を使って処理を始める。もっともシンプルなナビゲーションシステムでは、すべての可能なルートが比較される。このときコンピューターは、より短いルートを探して計算を進める。

抽象的な説明だが、実際に行われていることは難しくない。コンピューターは心斎橋を出発点とし、そこからもっとも近い駅を探す。隣の西大橋と長堀橋まではわずか1分の距離なので、これらの駅を通るルートが最初の選択肢としてあがる。そこでコンピューターは、このあとさらに西大橋の隣の西長堀か、あるいは長堀橋の隣の松屋町まで進むかというと、そうではない。心斎橋から同じく1駅めの本町をまず確認する。西長堀や松屋町まで行くよりも速く着くからだ。さらにその次には、同じく心斎橋から1駅のなんばまでの時間が比較され、そうしてやっと心斎橋から2つめの駅が検討されるという具合だ。

この方法では、コンピューターが計算上、大日に到着するまでには相当の時間がかかってしまう。実際のところ、心斎橋から大日までは12駅で、乗り換え時間をふくめ35分ほどで着く。心斎橋―大日のルートが確定するまえに、コンピューターは心斎橋からその下のほうにある住之江公園までのルートも計算している。この駅までは、わずか17分ほどだからだ。心斎橋の上のほうにある江坂までも検討ずみ。ここまでの移動時間も約18分と短い。コンピューターは、最終的には正しい行き方を割り出す。大日さえ見つければ、最短のルートは計算で導かれる。ただこれは、およそ効率的なやり方とは言えないし、人間の観察力や方向感覚のほうが優れているように思える。しかし、1秒間にずっと多くの計算ができるコンピューターの処理能力に人間は勝てない。

グーグルマップのルート検索

グーグルマップも、ほぼ同じようなしくみになっている。高速道路のインターチェンジや街中のロータリー交差点のように道路が交差する地点（次ページの図の円の部分）が、地下鉄の駅にあたる。地点同士を結ぶ道路（地下鉄路線図の線に相当）には所要時間を示す数値が与えられるが、一般道は速度規制が厳しいため、高速道路と同じ距離でも数値は大きくなる。ただし、渋滞が発生するなどした場合は数値が修正される。たとえば、高速道路で渋滞が発生していつもより10分よけいに時間がかかれば、その区間の数値に10が足されるわけだ。そのときにルートを検索すると、自動的に渋滞による遅れをふくめた計算が行われる。渋滞のなかを走っていると、いきなり抜け道に入れと指示されたりするが、それは渋滞を回避してより早く移動できるルートが見つかったからなのだ。

距離が短いうちはこの方法でうまくいくが、長い距離の移動では収拾がつかない。

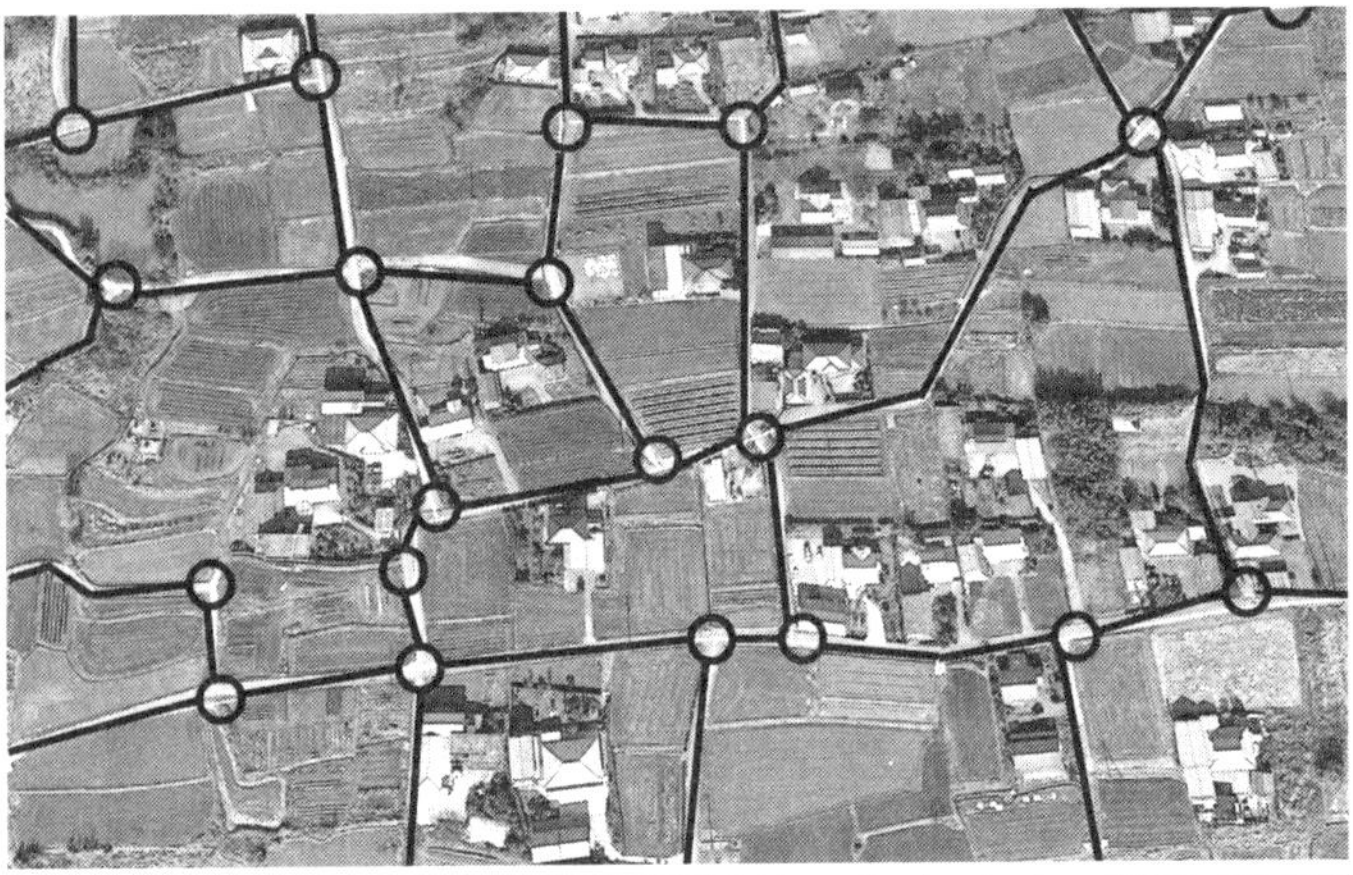

Google 画像2020 © Maxar Technologies, 地図データ © 2020

グーグルマップが読みとる道路ネットワーク

ニューヨークからシカゴまで、車で移動する場合を考えよう。このときグーグルは、ニューヨークから12時間以内で行けるすべてのルートについて計算を行うと想像してほしい。12時間というのは、車でニューヨークからシカゴまで行くときにかかる時間だ。コンピューターはたしかに計算が早いが、短時間にここまで膨《ぼう》大《だい》な計算を処理するのは、最新のコンピューターでも無理だ。このためグーグルマップでは、（正確な手法は非公開だが）計算量を減らすためにいくつかの数学的なテクニックを使っている。くわしくは、第7章で取りあげるとしよう。

つまり、ルート検索は数学の大きな助け

を借りて成立している。もっとも、この数学が人間より優れているとはかぎらない。コンピューターは設定した目的地にたどり着くまで、ひたすら計算を繰り返すが、このやり方は効率的とは言えない。コンピューターの仕事量が多くなっているだけなのだから、数学を使うことで問題が簡単になっているわけではない。しかし、数学とコンピューターを活用すれば、手順の合理化はできる。コンピューターは１秒間に大量の計算を処理できるので、ルートの計算はかなりスピードアップするのだ。

Ｎｅｔｆｌｉｘの「マッチ度」

映像をストリーミング配信するＮｅｔｆｌｉｘでも、数学が活用されている。作品ごとに緑色で示されている数字は、ふだん見ている作品との「マッチ度」だ。マッチ度が高いので気に入ると思って視聴したのに、まったくおもしろくなかった、ということもたまにある。しかし、この数字をそれなりに信用してマッチ度の高い作品を選んでいくと、好きな映画やドラマの傾向がはっきりしてきてハズレが少なくなるはずだ。マッチ度は、新たな作品を視聴するたびに自動的に更新される。つまりコンピューターのプログラムで、ユーザーの好みに合う作品かどうかを判断しているわけで、作品の良し悪《あ》しを評価しているわけではない。

ここで、Ｎｅｔｆｌｉｘが持っているデータがものを言う。Ｎｅｔｆｌｉｘの会員数はかなりのものだが、利用状況はすべて記録されている。だれがどんな作品を見ているかがわかれば、そこから（ごく簡単に言えば）見ている作品の傾向も把握できる。鉄道のドキュメンタリーばかりなのか、ホラー映画が多いのか、それとも違うタイプの作品か、といったことだ。Ｎｅｔｆｌｉｘでは、自社のサイトにアップされている全作品をジャンル別に分類している。ユーザーの視聴履歴と作品ジャンル。「こちらもオススメ」にあげられる作品はこの2つの組み合わせから割り出される。ホラー映画をよく見るなら、まだ見たことのないホラー作品を見たいと思うはず。そのくらい単純な話なのだ。

複雑なのは次の段階だ。Ｎｅｔｆｌｉｘでは、ホラー好きのユーザーに、ホラー以外の作品のマッチ度も表示される。マッチ度は、その作品がユーザーのふだんの視聴傾向とどの程度一致するかを表す数値なので、この場合はそれまでに見てきた何本ものホラー映画と、たとえばアドベンチャー作品1本を比較して計算したスコアになる。仮にそのアドベンチャーにホラーの要素が多ければ、たいして怖くないほかの作品よりもマッチ度は高くなるわけだ。映画通のレベルにはほど遠いが、友だちからの推薦《すいせん》くらいにはたよりになるだろう。

ホラー映画のなかでも、スプラッターなど特定の系統は見ないなら、一段とややこしくなる。この場合、スプラッター映画は、サスペンス色の強いアドベンチャーよりマッチ度が低くなる。これまでに視聴したジャンルをたよりに決めるＮｅｔｆｌｉｘのレコメンド機能では、ユーザーの期待にこたえるにも限界があるということだ。肝心なのはやはり映画の内容だが、コンピューターには理解できないので、人を雇って各ユーザーが見ている映画やドラマを確認させ、内容的に似ている作品をあげてもらいたいところだ。とはいえ、膨大な会員数のＮｅｔｆｌｉｘでは難しく、やはりコンピューターの仕事になる。ここには、ちょっとしたテクニックが使われている。

基本的な考え方はとても単純で、「よいオススメ」とは、本人が「見て」気に入っている作品に似たものであるということだ。Ｎｅｔｆｌｉｘでは、世界じゅうの会員が「こちらもオススメ」にあげられた（つまり視聴ずみの作品とのマッチ度が高い）作品を見ている。映画が2作あったとして、片方を見たあとでもう1作を見る人が多ければ、その2作は似ているとみなせる。たとえば〈アイアンマン〉のあとで〈アイアンマン2〉を見た人がとても多いなら、この2本は似ているにちがいないので、〈アイアンマン2〉は〈アイアンマン〉を見た人にとって「よいオススメ」と言える。Ｎｅｔｆｌｉｘを利用する人が多いほど、レコメンド機能の精度も上がる。コンピューターで、特定のユーザーと視聴履歴の似ている人がすでに見た作品を選び出せるからだ。

ただし、このやり方では、何百万人というユーザーがそれぞれ、かなりたくさんの映画やドラマを見ていることが逆に仇《あだ》になる。「こちらもオススメ」作品は単純な計算で決まる。これまで同じ作品を見てきた人のなかで、特定の「オススメ」候補の作品を見た人数を出せばよい。問題は、こうして計算した数値をどうあつかうかだが、ここでは概略的な説明にとどめる（Ｎｅｔｆｌｉｘの実際の処理方法が公表されていないためでもある）。「こちらもオススメ」の計算には、そのユーザーの視聴履歴と1作品だけちがうという人もふくめなくてはならない。たとえば、ホラーだけでなくドキュメンタリーも好きなユーザーなら、視聴履歴がまったく同じという人はかなり減るはずだ。同じ傾向の人が少なければ、レコメンド機能の精度も落ちる。こうして、シンプルな考え方であったものが現実にはたちまち込み入ったものになってしまう。

配信されるすべての作品を1枚の図で表すとしよう。18ページの地下鉄路線図のように、映画1本、ドラマ1作品をそれぞれ1個の円で示すとする。それぞれの円は、Ｎｅｔｆｌｉｘの世界に散らばる「駅」だと思ってほしい。駅間の移動は自由で、Ｎｅｔｆｌｉｘで言えば2つの作品をクリックすることだ。

そのような図を使って計算を進めるには、円と円を結ぶ線ごとに数値が明らかでなければならない。ここでの数値は、クリックした作品を両方とも見た人の数だ。路線図なら、一方の駅からもう一方の駅に移動した人の数とも言える。

3作の映画だとすると、次ページの図のようになる。この図から、ユーザーの好みと各作品のマッチ度がどうなるかを考えてみよう。あるユーザーがＮｅｔｆｌｉｘで〈アイアンマン〉だけを見ていたとする。そのときコンピューターの仕事は、このユーザーが〈アイアンマン2〉と〈ブループラネット〉をどの程度気に入るかを予想することだ。図の数字からすると、〈アイアンマン2〉のマッチ度は相当高くなる。好みが同じユーザーの多くが見ている作品であれば、「よいオススメ」、つまり気に入る可能性が高い。反対に〈ブループラネット〉のスコアは低くなる。これは、〈ブループラネット〉と〈アイアンマン〉の両方を見た人がずっと少ないためだ。〈アイアンマン2〉と〈ブループラネット〉の両方を見た人はさらに少ない。この結果、〈ブループラネット〉のマッチ度は低くなる。こ

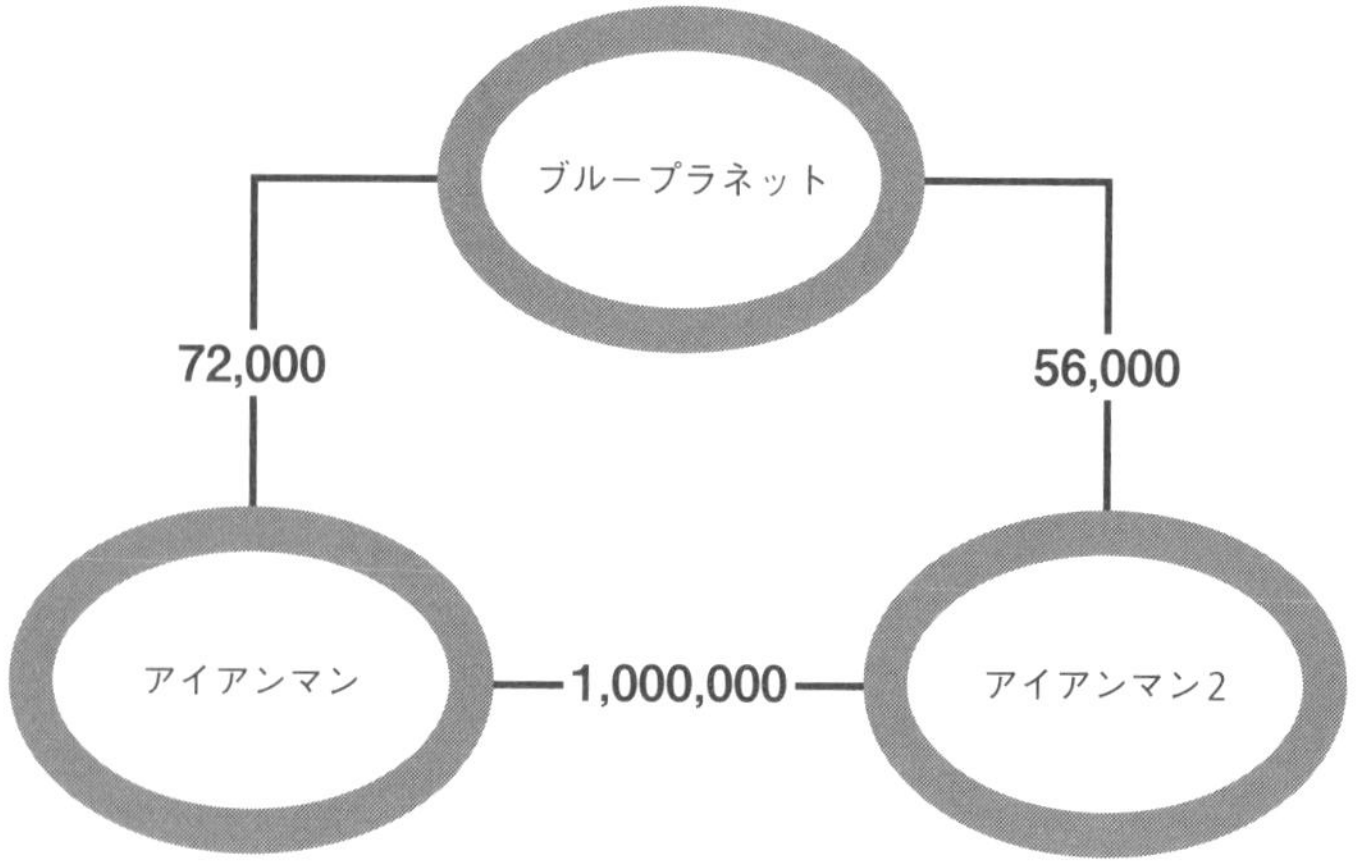

3作の映画の場合

うして「こちらもオススメ」には〈アイアンマン2〉が表示される。

コンピューターはさらに、この計算結果(たとえばあるユーザーが〈アイアンマン2〉をどのくらい気に入るか)をべつの作品に関するマッチ度の正確性を高めるために活用する。映画3作だけなら、十分見通しも立つが、作品が何千本にもなった場合はどうだろう。これも原理的には可能だ。数学、なかでも第7章であつかうグラフを使うと、コンピューターで計算することができる。ユーザーが、ある作品を好きになるかどうかをNetflixが完全に自動で予測できるのは、数学的に処理する方法のおかげなのである。

数学がなければ暮らせない

僕たちは毎日、いろいろな場面で数学に接している。もちろん、文字どおりの意味ではない。数学について考えるのが仕事の僕でも、ふだんは計算などしなくてもやっていける。だが、その一方、人目にふれないところで数学が重要な役割を果たしていることは、あまり知られていない。数学にたよらなければグーグルマップのルート検索はありえないし、Ｎｅｔｆｌｉｘのレコメンド機能も、かなりあやしいものになるだろう。グーグルの検索エンジンも使いものにならないはずだ。

Ｎｅｔｆｌｉｘやグーグルで活用されているのは、いずれもグラフ理論と呼ばれる数学の一分野だ。ただし、生活にかかわる数学のなかで重要なのはこれだけではない。たとえば、具体的な数値をふくんだニュース記事には統計が使われていることが多い。選挙前の世論調査を伝える記事はよくあるが、得られた数値から国全体の政治傾向がわかったと言われても、それをどう解釈するか。この手の調査はまずあてにならない。最たる例は２０１６年のアメリカ大統領選挙だ。世論調査によればヒラリー・クリントンが圧勝すると言われていたが、そうはならなかった。つまり、数値からは誤解が生まれやすいのだ。

事実を曲げる意図はなかったとしても、結果的にうそになってしまうこともある。この種の統計にはさまざまな事実が隠れているので、数値をあつかうときにどんなまちがいが起こりうるかをわかっていないと、さも大ごとのように伝えられる記事の内容をうのみにしてしまう恐れがある。世論調査を読みとくのはいいが、その解釈がまったく見当ちがいかもしれないとしたら、そんな記事はどこまで信頼できるものだろうか。

あるいは、政府がある制度に関する方針を変更したというニュースを目にしたとする。改編は賢明な判断だろうか。ここで客観性を第一に考えるなら、新制度の影響試算に目を通すべきだろう。どの国にも、経済政策や財政状況を調査・分析する機関があるはずだ。ある政策の影響を判断するといっても、考慮すべき点はいくつもあり、その全部を見通すことは不可能に近い。たとえばある試算で「長期的に可処分所得は増加傾向」と示されたとき、それはあらゆる要素をわかりやすい一点に集約して表現しているにすぎない。そこにいたるまでにはたくさんの数学が使われている。

もう少し身近な話をすれば、エスプレッソをいれるときにも数学は使われている。高機能なエスプレッソマシンなら、お湯を沸かしてコーヒーを抽出するだけでも相当の手間がかかる。まず確認されるのは水が温まる速さ。そしてこれをもとに、加熱を続けるか、少し冷めるのを待つかを判断する。理想の温度になるまではこの繰り返しだ。考えてみたことすらないかもしれないが、エスプレッソ１杯にも、高校時代に習った数学の公式が使われているのだ。

　こう見てくると、数学が生活に及ぼす影響はかなり大きい。自分で計算することはないにしろ、僕たちは毎日さまざまな計算の世話になっている。判断の際に参照する情報も、なんらかの数学的な処理の結果だと言ってかまわないだろう。グーグルやフェイスブックなど、情報をフィルタリングして表示するウェブサイトでは、コンピューターによる計算に基づいて検索結果を表示しているからだ。身のまわりにあるテクノロジーにも、数学を利用したものが増えてきた。全自動のエスプレッソマシン、飛行機の自動操縦《オートパイロット》、仕事に欠かせないパソコン。これらはすべて数学がベースになっている。さまざまなところで数学が使われるようになるなかで、数学とその影響をある程度理解しておくことがますます大切になっているのだ。数学の知識が多少ともあれば、現代社会でどれほど役に立つだろう。本書では、こういったことを中心に見ていきたい。

　ところで、数学とはいったいどういうもので、どのようなはたらきをするのか。これはプラトンやソクラテスまでさかのぼる典型的な哲学の問いだ。この２人の哲学者は、数学は何をあつかうのか、そして人間は数学をどう学ぶのかという問題に取り組んだ。数学はとても抽象的なのに、それでいて実用的というのは矛盾していないだろうか。抽象的であり、ながら具体的に役に立つとはどういうことだろう。これに答えるために、まず哲学の世界に足を踏み入れることにしよう。

2

「数」に真実はないのか

――1＋1＝3？

何人もの囚人が鎖でつながれ、窓のない壁しか見えないように頭を固定されている。囚人たちは子どものころからこの場所につながれており、彼らの背後を横切る像が壁に映し出す影を真実のものだと思い込んでいる。壁際に近づくことができれば、その影を手でつかめるはずだ、と。囚人たちは、壁に映る影以外のものが存在することを知らない。彼らの世界は、影だけで成り立っている。

　これはプラトンの「洞窟の比喩《ひゆ》」だ。プラトンは人間を囚人にたとえ、人間が目にしているものは影にすぎないと述べた。この影を投げかけているもの自体を見ることは、人間にはできないのだという。たとえば、テーブルというものを考えてみよう。だれかがテーブルに着いているとき、テーブルはそこに「ある」。ところがプラトンに言わせると、それは壁に映る影の１つであって、真のテーブルではない。プラトンが関心を寄せたのは、真のテーブル、影を投げかけているもののほうだ。あらゆるテーブルに共通する抽象的な概念、すなわち目の前のものがたしかにテーブルであると判断する根拠とも言えるが、この抽象性は一目見ただけではっきりわかるようなものではない。それが何か、つまり壁に映る影の実像が何であるかは、さまざまなテーブルを見ることを通して理解しなければならないのだ。

プラトンは、数学にも同じことがあてはまると考えた。前章の問い（「数学は何をあつかうのか」）に対するプラトンの答えもここにある。プラトンによれば、数とは真のテーブルのように影を投げかけるものであって、それ自体は見えない。たしかに数は手で持てないし、歩きスマホをしていてぶつかるようなものでもない。もちろん、たとえば「2」のように、数字を使えば数を書き表すことはできる。ところが、「太陽」という単語自体が実体をともなわないように、数字の「2」も、いま僕がこれを書きながら考えている数と同じものではない。プラトンの比喩を使うなら、人間の周囲に見えているものは影でしかなく、数そのものは人間には直接見えないうしろのほうで動き回っているということになる。

数は実在する？

この流れで、数学というものを考えてみよう。数について、たとえば「1＋1＝2」と言うとき、それは実際に存在するものについて述べている。ただし、このもの（数）の存在は、目の前のテーブルの在り方とはちがう。プラトンは数を「より真実に近い」ものと考えたが、それは具体的なものについて知っていることより、抽象的なものに関する知識を重く見たからだ。プラトンは、人間が目で見ているものは影であるとし、一方で数については人間が知覚するものとはかかわりなく、現実とはべつの世界を漂《ただよ》っているような状態を想像していた。このイメージには多少無理があるが、数が実在するというプラトンの見方の影響力はひじょうに強く、この立場をとる人は現代でも「プラトン主義者（プラトニスト）」と呼ばれている。

では、数は、現実ではないどこかべつの世界にあると考えることが数学なのだろうか。ある意味、筋が通っていると感じられるかもしれない。数学を教えるとは、数学の世界がどんなものかを説明することだ。数学の世界は実在するが、目には見えない。数学者が研究するのはその世界だ。物理学者が目に見える世界を相手にしているのと少しも変わらない。ところが、数学の世界はいかにも日常から切り離されているように感じられる。そのため、数学で苦労する人が多いのだ。数学を学ぶまえに、どうやって数学の世界にたどり着けるかを探り出さなければならないのだから。

　見たりふれたり、においをかいだりできない世界について学ぶには、どうすればいいのだろう。プラトンとプラトン主義者に従えば、数学は日常生活から完全に切り離されているはずだ。本当のところはどうだろう。プラトンは、人がどのようにして数学と出会うかを示すために、師ソクラテスの友人に雇われていた召使いの例を引いている。

　何の教育も受けていないこの召使いに、ソクラテスは地面に描かれた正方形の「2倍の面積を持つ正方形」を描いてみるように言う。ただし、元の辺の長さは測ってはいけない。これは、なかなかやっかいな問題だ。各辺の長さを2倍にすると、新しい正方形の面積は4倍になってしまう。定規を使わずに、ちょうど2倍の面積の図形を作るには工夫が必要だ。

　ここで、召使いに対してソクラテスから、いくつもの質問がなされる。この質問に導かれて、召使いは元の正方形の対角線の長さを一辺とする正方形を描けばよいことを理解する。次ページの図で示すように、面積がグレーの正方形の2倍となる正方形は、点線で示

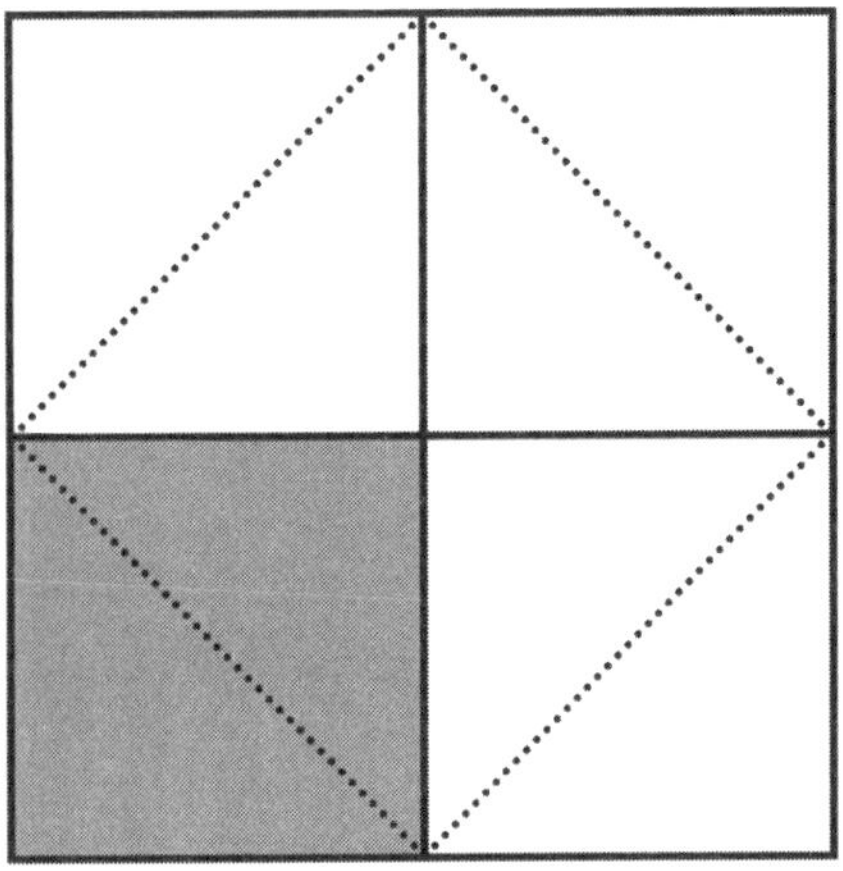

面積が2倍となる正方形をどう作図するか

した対角線を一辺として作図できる。グレーの正方形が4つ入る正方形を考えると、大きな正方形の面積は（あたりまえだが）元のグレーの正方形の4倍である。したがってグレーの正方形の2倍の面積は、この大きな正方形を半分にすれば得られる。ここで、4つの正方形にそれぞれ対角線を引くと、その面積はいずれも半分になる。こうしてできた三角形を4つ合わせる、つまり図のように対角線（点線）で囲まれた正方形を作ればよいわけだ。この正方形の面積は元のグレーの正方形のちょうど2倍となる。

ソクラテスは、ただきまざまな問いを投げかけるだけだ。召使いはそれに答えながら、面積を2倍にする方法を「自分で」理解していく。ここでのプラトンのねらいは、もちろん人がどう数学を学ぶ（教わる）かを示すことだ。

じつは召使いは正解をすでに知っており、ソクラテスは召使いがそれを思い出すことができるように手助けをしたにすぎない。プラトンによれば、人は前世では数学について知りうるかぎりのことを知っており、この知識は現世でもまだ頭の中にあるのだが、無意識の奥底に沈んでいるという。だから数学について何かを学ぶといっても、それはすでに知っていることを思い出すだけなのだ。

しかし、この例でソクラテスが繰り出す質問には、ごまかしがある。ソクラテスはまず答え（正方形の性質とその面積の求め方）を説明し、それに続けて「はい」「いいえ」で答える質問をしていく。その結果、召使いは対角線を用いればよいと思いいたる。召使いはこの解き方を「自分で考え出した」わけだが、それはすべてが（偶然にも質問のかたちで）順を追って説明されるからこそできるのだ。となると、召使いは前世で得た知識を覚えているという主張もあやしくなる。

どうやって人間が数学の世界を知るのか、そのしくみはいまだ明らかになっていない。現代のプラトン主義者、つまり数学とは実在する数をあつかうと考える専門家のあいだでも意見は食いちがっているし、そのなかに正しいものがあるのかどうかさえまだわからない。それでも、「人間は数学を学ぶことができる」という点では一致している。数学がまったくだめな生徒でも、数についてはほんのわずかにせよ知っているものだ。

ところで、数学の世界の「抽象的でとっつきにくい」印象はどこから来るのだろう。近代の哲学者には、数学はそのようなものではないはずだという意見もかなり多い。ここで洞窟の囚人のことはいったん忘れて、シャーロック・ホームズについて考えてみよう。

ホームズと数学の共通点

名探偵シャーロック・ホームズは、ロンドンのベーカー街221Bに住んでいた。この住所は実在するが、実際にホームズがその建物で暮らしていたわけではない。架空の人物なのだから、あたりまえだ。ホームズは小説だけでなく、多くの映画やドラマにも登場する。そのため「シャーロック・ホームズがロンドンに住んでいた」と聞かされても、ばかばかしいとは思わない。物語のなかで彼はたしかにそこに住んでいるが、現実のロンドンでは、その名前でその住所に住んだ人物はいない、ということだ。数学についても同じような考え方ができる。

数学は、１つの物語を語るものだ。数や図形をはじめいろいろなものが登場し、プラトンが想像したような世界が描かれる。つまり、どんなものも変化せず、すべてが完璧な論理の体系に沿ってまとめられている世界だ。ところが、永遠不変の数学的実体の存在を否定する唯名《ゆいめい》論者たちに言わせれば、そのような数学の世界はシャーロック・ホームズの物語と同じく、虚構にすぎない。数学がその物語に登場させるものの世界は実在しないのである。数学者は「数」や「三角形」について語るというが、そんなものは存在していない。現実にあるのは目に見える周囲のものだけ。「数」の普遍概念がふわふわと空に浮かんでいる別世界などないというわけだ。

べつの言い方をしよう。プラトンによれば、数学は人間によって発見される。しかし、数学はすべて人間によって発明されたものであるかもしれない。この考えを進めると、数学は人間が頭の中で創り出したものである以上、数や三角形その他について真であることも「ない」、とおかしなことになってしまう。「3は素数である」「1＋1＝2」と言うことはできるが、これは正しくない。そもそも数が存在しないのだから「1＋1＝2」は偽である、というわけだ。「シャーロック・ホームズはロンドンに住んでいた」という命題が、彼は実在しないため偽であるというのと同じように。

それなら、数学は何から何までむだだと、学校で先生に向かって言えないのはなぜか。それは、数学にも（たとえ唯名論的な立場をとっていたとしても）たしかに真だと認められる部分があるからだ。

たとえば、シャーロック・ホームズについての記述は、アーサー・コナン・ドイル卿が書いた物語と一致しているという意味で真実だと言える。仮に僕が「ホームズはアラスカに住んでいた」と主張したなら、作品の描写を示して、それがまちがいであると指摘できるだろう。このように、シャーロック・ホームズについての命題は、すべて作品に基づいて真偽を確かめることができる。数学もしかり。「1＋1＝3」という主張は、数学の物語とは一致しないのだ。

しかし、ホームズが登場する本の内容を真に受ける人はいないのに、数学者は数学の物語をそのまま受け止める。ここが数学のしくみを説明するうえで微妙なところだ。実際には真実でないことを主張しながら、きわめて厳密かつ有用な学問の体系を構築することがなぜ可能なのか。唯名論者たちはこの問いにまだ満足な答えを得ていない。

哲学的な話は、ここまでにしておこう。哲学者たちの込み入った議論について腑《ふ》に落ちないところがあってもかまわない。ここで示したかったのは、数学については2つの見方があるということだ。プラトン主義者と唯名論者の主張はたしかに大きく異なっているが、いずれの立場も数学のしくみ、もっと言うなら、人間が数学に取り組むと何が起こるかを説明しようとしている。

プラトン主義者によれば、そのとき人間は抽象的な事物で成り立つ世界についてあらゆる発見をするのだという。一方で唯名論者は、そんな世界は存在せず、すべて人間が発明していると主張する。この2つの考え方をはっきり区別でき、どちらが正しいのか決着がついていないことを知っていれば十分だ。

「美しい」理論は数学的にあつかいやすい

哲学者たちの延々たる議論からわかるのは、数学は途方もなく抽象的な何かをあつかっているということだ。だから、中学・高校時代に数学はいったい何のためにあるのかという疑問を持っていたとしても、さほど不思議はない。

数学を1つの完結した世界だととらえるなら、たしかに身のまわりの世界とは関係がないし、物語としての数学を考えても、その物語と現実の世界につながりはない。昔のロンドンについて知りたいからシャーロック・ホームズを読む人はいないだろうが、数学の物語に関してはなぜかそんなことになっている。つまり、僕たちは数学を通して現実世界を眺めているわけだ。実在する世界を理解するために、その世界とは無関係のはずの数学が使えるというのはどういうことだろう。

数学は、世界についての理解を深めるためにとても役に立つ。これは周知の事実だ。第1章ですでに見たように、数学は問題を単純化するうえで大きな役割を果たしている。このときに強みとなるのは数学の抽象性だ。なお、問題の対象はなにも日常生活のできごとにかぎらない。何世紀にもわたり、科学者たちも数学の助けを借りて新しい発見に到達してきた。まずはアイザック・ニュートンのエピソードから紹介しよう。

ニュートンは若いころ、ペストの流行を避けて田舎に移り、リンゴの木の下で思索にふけっていた。あるとき、頭にリンゴが落ち、ニュートンは「万有引力だ！」とひらめいた――少なくとも、そう伝えられている。リンゴの逸話の真偽はともかく、万有引力の法則は画期的な発見だった。歴史上はじめて、地上における物体の落下は、月や惑星の移動と同じように説明できる可能性に思い当たったのだ。それから先は言うまでもないだろう。

無関係なものをむりやり結びつけたわけではなく、天才的な着想だったことは、いまや明らかだ。

けれども、ニュートンと同時代の人々にしてみれば、これは奇想天外な主張だった。ニュートンが想定した「万有引力」は、物体が互いに引き合うように、なんとも不思議な方法で離れたところから作用するものだった。当時、物体は衝突することによって変化すると考えられていた。これはそれほどおかしな考え方ではないが、接触していない物体が互いに影響を及ぼし合うとは、いったいどういうことなのか。遠く離れたところに太陽があり、それが引力を及ぼしていることを、地球のほうではどうやって「わかる」のか。今日でこそ、アインシュタインのおかげで、これらの問いにはある程度納得できる答えが得られているが、ニュートンが万有引力を提唱したころには大きな謎だった。数式だけがあり、それが正しいかどうかもわからない状況だったのだ。

ニュートンの主張は大筋で正しかった。とはいえこれは、時代が下って精密な測定が可能になってからわかったことだ。当時の科学者による観測結果はニュートンの予想から4パーセントもずれていることがあったが、それでもニュートンは地球とそれ以外の惑星の両方にあてはまる理論のほうが、観測によって得られた結果より優れていると考えたのだった。そのような理論は「美しい」。物理学としてだけでなく、数学的にもあつかいやすい。

そのあと起こったことにはおどろくほかない。物理学者はニュートンの理論の検証を続けた。今日の測定機器は、もちろんニュートンの時代のものよりもずっと精密にできているが、これを用いると、計算値と測定値の差は0・0001パーセントの範囲内におさまることが知られている。ニュートンは美しい数学で表せる理論を好んだが、それは期せずして大きな成果につながった。数学的な予想はかなり正確であることがわかったのだ。ねらってそうなったのではなく、リンゴの木の下で思いついた理論ではあったが。

そんなのはたんなる偶然だ、と疑い深い読者は思うだろう。ニュートンは運がよかっただけだ、と。たしかにそうかもしれない。しかし、こういった話が無視できないほど多いのもまた事実である。今日用いられている太陽系のモデルは、16世紀の天文学者コペルニクスが提唱した。太陽を中心として、地球は太陽のまわりの軌道上を運動しているというものだ。コペルニクスのモデルはシンプルかつエレガントな数学を用いていて、地球が中心にあって太陽が地球のまわりを回るという複雑なモデルよりも美しかった。

じつはコペルニクスの考え方は、地球の軌道は円ではなく楕円《だえん》であること以外はほぼ正しかった。だが、観測される現象にうまく一致しなかったために、地球中心説（天動説）のほうが広く支持されていたのだ。しかし、最終的にはよりシンプルな理論、数学者がより美しいと評価する説のほうが優れていることが明らかになる。

20世紀を通して活躍した理論物理学者ポール・ディラックの例は、さらに印象的だ。ディラックは量子力学の研究者で、物理学の異なる分野における現象を1つの方法論に従って記述することをめざし、数理モデルに基づいて研究を進めた。数理モデルとは、ある現象をシンプルな数式で表現し、なおかつ既知のデータに一致する結果が得られるモデルのことだ。

ディラックはある問題にぶつかった。適切な数理モデルの考案には成功したにもかかわらず、そのモデルでは想定外の奇妙な状態が予測されたのだ。ディラックは電子（原子内で原子核のまわりを運動している負の電荷を持つ粒子）に注目していた。電子については当時すでにかなりのことが知られており、物理学的にはディラックの方程式でうまく記述できた。

しかし、この方程式からは、電子とは符号が逆の電荷を持つ粒子が存在する可能性が予測された。そのような粒子は当時まだ確認されておらず、したがってその存在を想定すべき理由はなかった。ディラックの方程式によって、だれにも知られていなかった新しい状態が予測されたのだ。

少なくとも今日ではそう理解されている。20世紀はじめでは、ディラックやほかの物理学者たちがそのことに気づくまでにしばらくかかった。当初ディラックは、この謎の粒子を陽子ではないかと考えた。負の電荷を持つ電子に対して陽子は正電荷を持ち、その存在はすでに知られていた。しかし、この解釈で問題は解決しなかった。陽子は電子よりずっと重いため、正確には電子1個の正反対の粒子とは言えないからだ。ディラックに残された解決法は1つしかなかった。未知の粒子の存在を想定すること。それが陽電子《ポジトロン》、あるいは反電子（正電荷を持つ電子）と呼ばれるものだった。

つまり、数学は問題を簡単にしたり、精度の高い予測を可能にしたりしたばかりか、まだだれも見たことのないまったく新しいものの存在を予言していたわけだ。ディラックの数学的表現は純粋にとても美しく、科学者たちはこの未知の粒子を探すことにした。

その探究は成果につながった。実験物理学者カール・デイヴィッド・アンダーソンは、ディラックの予言からほどなくして陽電子の存在を証明した。彼はこの功績で1936年にノーベル賞を受賞している。発見からわずか4年後のことだ。陽電子は、電子の反粒子というだけでなく、はじめて発見された反物質粒子でもある。しかもこれは数学をきっかけになされた発見だ。

物理学には、このように数学がきっかけになった発見の例がまだいくつもある。数学的にはありえないように思えることが、最終的には自然現象に一致しているとわかるケースだ。1823年ごろ、物理学者のオーギュスタン・フレネルは、光の性質について考えていた。彼もまた、身のまわりの世界を説明するために数学的に美しい式を考え出した。このときの数式は光の反射に関するもので、たとえば光が鏡にあたるときに進む方向が計算できた。

鏡に光があたった場合の答えは、読者も知っているだろう。光は、鏡にあたったときと同じ角度ではね返る。つまり鏡は光をそのまま反射する。したがって鏡の正面に立つと、光もまっすぐに反射されるので自分の姿が映る。しかし鏡に対して、たとえば右斜めまえに立つと、自分の姿は見えず、鏡の左斜めまえで、鏡からの距離が等しい位置にある物体が映る。鏡は光をよく反射するので、このような光の進み方も簡単に予測できる。

フレネルはさらにその上をめざした。彼は、光がたとえば水中から空気中に出ていくときや、空気から透明なガラスに入るときの挙動も解明しようとした。フレネルが考え出した公式は、鏡面の反射を示す式よりも記号が1個増えただけで、やはり「美しい」、すっきりと整った数式だった。が、1つ問題があった。奇妙な結果が導かれる場合があったのである。

フレネルの公式によると、たまに光がありえない角度で屈折することが予測された。計算式に複素数（実数と虚数からなる数）がふくまれていたためだ。虚数は実際に存在するものを表しているわけではない。少なくとも当時は、虚数は計算を簡単にするために理念的にあつかうものにすぎず、それ自体に意味はないと考えられていた。フレネルは、計算の結果に複素数が出たためパニックに陥った。自分が考え出した美しいモデルが示しているのは、ありえないことだったからだ。

それでも、フレネルは自分の数学を断念する気はなく、おかしな結果も正しいと考えることにした。じつは、数学的にありえない結果が得られる場合、光は特殊な挙動を示す。もっとも計算の結果とは一致しているのだから、「ありえない」ことではないのだが。それは、光が水中から空気に向かう場合、水面が鏡のようになってすべての光が反射される現象（全反射）だ。物理学者がそれまで本格的に検討したことがなかったとはいえ、ごくありふれた現象である。次ページの写真を見てほしい。水面に反射したカメの像が映って

水面に反射したカメの像

いるのがわかるはずだ。フレネルの計算で出てきた複素数は、この反射を表すものだったのだ。またしても美しい式は正しかった。数学的にはどうも妙な結果が、それまで見過ごされていた現象を示していたのである。

数学のおもしろさ

数学は問題を単純化するのに役立つが、その一方で物理学者が新しい現象を発見する機会も提供している。研究者には、数理モデルが美しく整ったものであれば、わけのわからない予測でもひとまず受け入れようとする傾向がある。数学的に正しいと判断できる証拠がいっさいない場合でも、自分が考え出した公式を信じて研究を続ける。実際、計算の結果が正しかったと、あとからわかることもよくある。

もちろん、見た目が美しいかどうかによらず、まちがっているとわかった理論はいくらでもある。しかしおどろくべきは、美しい数式で表されるモデルを使えば世界を正しく理解できるケースがあるということだ。

数学が現実の世界でうまく機能しているということ。これがなんといっても数学のおもしろいところだ。数学が役に立つという例ならいくらでもあげることができる。ここからは、日常生活に直接影響を及ぼしている数学に注目して、さまざまな例を検討することにしたい。第1章の最後にあげたもう1つの問い（「数学はどのようなはたらきをするのか」）も気にかかるが、これについては最後の章で考えてみることにしよう。

といっても、数学の機能は本書であつかう最大の問題ではない。「数学は役に立つ」「数学の知識を持っていることには意味がある」の両方が理解できたあとで考えるべきものだろう。そもそも自分で数学を使わないのなら、数学がうまく機能することなどどうでもよいはずだ。

さて、はたして数学は本当に必要か。あるいは、数学にわずらわされることなく、幸せにすごすこともできるのだろうか。

3

数学を使わない生活

——1と2のちがいを認識するには？

アマゾンの密林奥地。晴れわたった空のもと、１人の男がマイシ川をボートで進む。この川沿いには外の世界とほとんど接触を持たない少数民族が暮らしていて、男は毎年、彼らの集落を訪れる。ブラジルナッツやゴムを手に入れるためだ。取引に使う品物はボートに積み込んである。たばこに大量のウイスキー。

ブラジルのアマゾナス州に住むこの民族「ピダハン」との取引は、なかなか骨の折れる仕事だ。２００年も交易を続けているというのに、彼らはポルトガル語をほんの数語しか覚えていない。それでも取引に支障はないが、対価の決め方はよくわからない。値段はあってないようなもので、あるときはバケツ１杯のナッツをたばこ１本と引き換え、べつのときにはせいぜい１つかみのナッツにたばこ１箱をほしがるという具合だ。ただし、交渉自体は単純で、ピダハンはボートの積み荷の品物を次々と指さし、男が「もういいだろう」と止めたところで「商談成立」となる。

たばこ１箱がどのくらいの量のものと交換されるか決まっていないのはやっかいだが、

ピダハンにしてみればたいした問題ではない。値段の記録がないのは、ピダハンが「数」を持っていないからだ。記録けなくても、取引にやってくる連中のことは仲間内で共有されている。正直者はだれか、引きわたす品物の価値をいつも低くごまかそうとするやつはだれかは、全員が知っているという。何年もピダハンと生活し、ピダハン語を話す数少ない研究者の1人である言語人類学者のダニエル・エヴェレットがそう証言している。

エヴェレットは、ピダハンが数を表現する語彙《ごい》をまったく持たないことを発見した。およその量が話題になることはたまにあるが、「1」を表す単語さえない。なお、ピダハンの言語では、たとえば「赤」を指す語もないし、過去や未来の時制も存在しないという。数学的表現を持たない社会集団は少ないが、ピダハンはその1つだ。しかもピダハン語には直線や角度など、幾何学的な現象を表現する語彙もない。つまり、数学そのものがいっさい存在しないというわけだ。彼らの特殊な社会を見ていくと、人間の過去に関してユニークな示唆が得られる。結局のところ、数学の歴史はたかだか5000年なのだ。

ピダハンと僕たちの文化的差異はかなり大きい。ピダハンの人々は、ものの価値を記録したり、時刻を確かめたり、この先1か月暮らせるだけのお金があるかと気をもんだりはしない。通貨は持たず、取引は物々交換。こういったことが可能なのは、生活集団の規模がごく小さいから。全員が知り合いで、系譜のようなものは存在せず、死者のことを覚えている人が亡くなれば、死者本人のことも忘れ去られる。ピダハンの生活は、完全に「いまここ」に集束しているのだ。

そのようなところに数学の出番はあまりない。エヴェレットはピダハンの人々にポルトガル語で数学を教えようとしたが、この挑戦は完全な失敗に終わった。彼らは8か月間毎日、数や図形に関する授業を受け、直線を引いたり、1から5までを順番に数えたりする課題に取り組んだ。それなのに、数学的な能力はまったく身につかなかった。

これは、ピダハンの人々に数学は無理ということなのだろうか。いや、数学を学ぶことはおそらくできるだろう。だが、彼らは外界からの知識に興味がないらしい。また、質問には正しい答えが存在することを信じていない。授業中にエヴェレットが答えの誤りを指摘しても、彼らは紙に落書きをしてみたり、でたらめな数を口にしたりするだけで、数学とはまったく関係のないその日のできごとを延々と話したりすることもあった。直線を1本引く練習を2回繰り返すことさえ難しかった。

実際のところ、数学の授業はどこもこんなものではないだろうか。ピダハンの人々はサボらず授業に出ていたが、これは数学がおもしろいからではなく、エヴェレットがいつもポップコーンを用意していて、みんなで集まってしゃべるのに都合がよかったからだ。僕の中学・高校時代とあまり変わらないかもしれない。

「ぴったり同じ」の表し方

数学を使わない文化は、世界じゅうにごくわずかしかない。数を表す語彙さえ持たないピダハンは極端な例だが、パプノニューギニアでも、数学を用いない社会集団がいくつか今日まで存続している。彼らは数を表す語彙は持っているものの、日々の生活に数学はほとんど登場しない。

ニューギニア島の東に位置する小さな島ノーマンビーには、ロボダと呼ばれる人々が住んでいる。彼らは数を数えるのに身体の部位を使う。たとえば「6」を表す単語は、もともとは「片手ともう一方の手の指1本」という意味だ。ただし、この「6」はそれほど実用的な単語ではない。というのも、僕たちが当然のように数を使う場面でも、ロボダの人々はそうしないからだ。

たとえば、お金について考えてみよう。僕たちは何かを買うためにお金を使う。すべてのものには値段があって、それは数で表されている。ロボダの人々もお金――正確に言えば「ユーロや円に換金可能な硬貨と紙幣」――を持っているが、それをだれかにあげることはしない。現地では祭りや祝宴が多いが、招かれたほうがお祝いを包むことはない。宴席に出た人は贈り物をもらい、後日ぴったり同じだけのお返しをする。ヤムイモを1カゴもらったら、次の宴会では同じ大きさのカゴにヤムイモを入れて返さなければならないということだ。お金はもちろん、価値が同じべつのもので返すのはタブー。ここはかならず同じだけのヤムイモでなければならない。

そうは言っても「ぴったり同じ」とは？　僕なら同数のヤムイモだろうと解釈するが、ロボダの人々はちがう。彼らはカゴに入ったイモの数はけっして数えない。だいたいのところを判断するだけだ。たとえば、カゴにいっぱいまで入っているか、それとも半分くらいか。したがってお返しのイモの数には多少の幅があるが、そのことは問題にならない。

ロボダの人々が数を使わずにすませていることはまだある。年齢、ものや時間の長さについて話す場合だ。こういうとき、僕たちは何歳、何センチ、何分など、数を交えた表現を使う。一方、ロボダの人々は、たとえば長さなら何か見慣れたものと比較するかたちで表現する。ある鎖の長さについて、自分の肘《ひじ》から手首までの長さと同じだ、というように。

3　数学を使わない生活
——1と2のちがいを認識するには？

こう言うと、昔のエルやフット（フィート）などのいわゆる身体尺に似ているようだが、ロボダの人々にとって「肘から手首までの長さ」は、ものの長さを表す単位ではない。いま、何かが自分の下腕と同じ長さだったと言うことはできるが、その「何か」が下腕よりも長かったとしたら、それはまたべつのものと同じ長さだということになる。ロボダの人々にとって、「下腕を2倍した長さ」と同じというように数と組み合わせた表現はありえないのだ。

このような考え方は、あらゆる場面に表れている。ロボダの人々が年齢について話すときは、彼らは何歳なのか、何年生きてきたのかというように数を用いた表現ではなく、「あの赤ちゃんと同じくらい、あの子と同じくらい」と年齢層でだいたいのところを示す。時間の長さも、「村から隣の島に行くのと同じくらい」と表現する。数を使わなくても、とくに生活にこまることはない。

ロボダと同じパプアニューギニアの少数民族に、ユプノと呼ばれる人たちがいる。彼らもこの考え方に納得するにちがいない。マダン州の標高約2000メートルの村に暮らすユプノは、これまたロボダと同様に身体の部位を使い、それを順番に指して数を数える。身体の人によって多少のちがいはあるが、概して63ページの図に示すような順序になる。身体の部位に相当する言葉を口にするか、その部位を指すことで、1つの数が表現される。少なくとも男性はそうだ。図を見ればわかるように、女性の場合、この数え方に従うとある時点で問題が発生してしまう。

ユプノの人々は、棒を使って数を数えることもある。棒を1本ずつ並べながら、順番に1つ大きい数を数えていく。なお、ユプノは孤立しているわけではない。若い世代のほとんどは現代式の教育を受けており、パプアニューギニアの公用語であるトク・ピシンで数を数える。トク・ピシンは英語に似た言語なので、ユプノの若者は僕たちと同じような数の数え方をしている。

となると、ユプノには数を数える方法が身体の部位、棒、現代式と3通りもあるわけだ。それでも、彼らは日常的に数を数えるべきだとは思っていない。ユプノの社会ではすべての商品の価値が決まっている。

ただし、ある品物の価値を硬貨何枚分と表現する代わりに、硬貨1枚分でどれだけの量になるかという考え方をする。だから市場には10トエアの硬貨1枚に相当する売り物が並ぶ。小銭を使う必要もない。もっとも、10トエア分を買うことが原則なので、バナナを1本だけ買うというわけにはいかないが。いずれにしても、ものの数を数えることはほとんど行われない。

ただし、重要な例外が1つだけある。持参金だ。ふつうはブタとお金が贈られるが、これは2通りの方法で数えられる。男たちが身体の部位を指し示しながら、まわりに聞こえるようにブタの数と金額を数え上げるそばで、その数が棒で示される。だれもが同じ順番でものを数えるとはかぎらないので、こうしてまちがいを防いでいるのだ。次の図のように左右の手の指を順番に数えたあとで、左足の小指ではなく左耳を数えたとすると、それは21ではなく11になる。このような場合にそなえて、棒でも同時に数えていると安心だ。

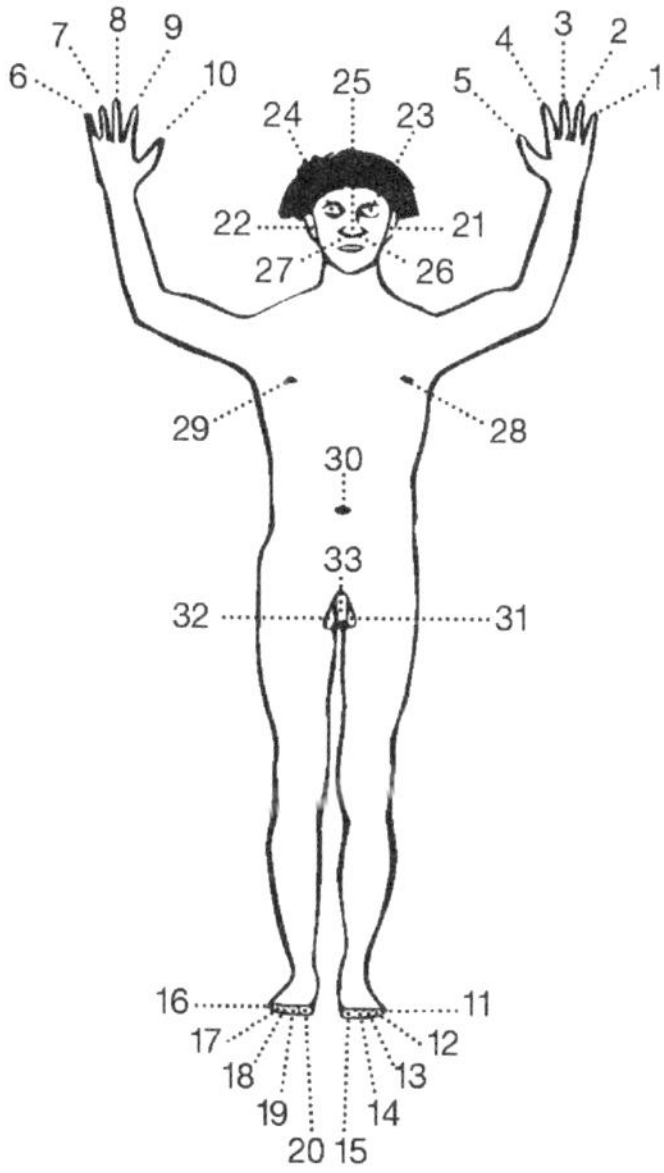

ユプノの数の数え方

ユプノの人々にとって、持参金を正確に数えることは重要である。このことから、数学を教えてみてはどうかと考えた研究者たちがいた。持参金の例で計算を覚えさせようとしたのだ。彼らはユプノの長老に次の問題を出した。「花嫁を1人迎えるためにはブタが19頭必要で、あなたはすでに8頭所有している。ブタはあと何頭必要か」。長老はこう答えた。「私には、妻をもう1人迎える余裕などない。8頭のブタはどこにいるというんだ？　それに、この年寄りにそんな元気はもうないよ」

測らなくても大丈夫

ここまで見てきたように、人間は数を使わなくても不自由なく生活していける。とはいえ、寸法を測るときにはかならず数がいるはずだ。数を使わずに図形や距離は理解できるのか。たとえば建物を建てるときはどうする？　どうやら、そんな場合でも数は必要ないらしい。ピダハンやロボダ、ユプノにかぎらず、数学を使わずにうまくやっている文化はほかにもある。

パプアニューギニアでは、カヌーがよく作られる。島々からなる国なので、ある意味あたりまえだ。昔は、島と島を結ぶまともな移動手段はカヌー以外になかった。カヌー作りで大切なのは、海上で突然沈んでしまわないような頑丈《がんじょう》な船体にすることだ。いくつもの少数民族では、新しいカヌーを古いものと比べながら作るという方法でこの問題を解決している。標準寸法が記載された設計図はないし、カヌーを作るための木材の厚みも決まっているわけではない。すべては、カヌー作りの経験に基づくのだ。

実際には、いくつか寸法を測って経験を補うことになる。ただし、そこで使うのは巻き尺や物差しではなく、カヌーの作り手の下腕だ。キリウィナ諸島では親指とてのひらが使われるが、このほうが多少は正確に測れるだろう。小さな島々が集まっているキリウィナ諸島の人々は海に出ざるをえないので、カヌーの寸法を把握しておくことは大切なのだ。

カヌーの場合、もっとも重要なのは木材の厚みだ。薄すぎると破損しやすいが、かといって厚すぎると荷物があまりのせられなくなる。もっとも、木材の厚みをきちんと測ることはない。パプアニューギニアでは、足で蹴ってみるという少数民族もある。勘がたよりというわけだ。またほかの少数民族では、厚みがちょうどよいかは耳で確かめられることを知っている。強くたたいたときの音で、カヌーが安全かどうかを判断するのだ。それでもどの程度の荷を積めるかは、カヌーが完成して水に浮かんでからでないとわからない。

陸上でも、さまざまなものを建設する必要がある。川や谷に橋をかけることになっても、完成するまで安全性を確かめるすべはない。橋を渡って大丈夫かどうかを見ただけでは判断できないし、パプアニューギニアの少数民族がどうやって橋の安全性を判断しているのかは謎だ。

ニューギニア島の真ん中あたりに住むケワビの人々も、昔ながらのやり方で橋をかけている。作業中に何かを正確に測ることはない。川幅を目測したら、向こう岸まで十分届きそうな大きさの木を探してくる。橋脚《きょうきゃく》にあたる部分についても同じで、橋桁《はしげた》を支えられる高さの木を見つけてこなければならないが、ケワビの人々は苦心する様子もなく、目測の能力と豊富な経験だけで橋を完成させている。

家を建てるときも、目測と経験がものを言う。パプアニューギニア東部の港町フィンシュハーフェンでは、あるテクニックが用いられる。これから建てる家の幅と奥行きに等しい長さの縄をそれぞれ用意するのだ。このあたりに住むコーテの人々は四角い家を建てるが、縄を2本（1本は家の幅の長さ、もう1本は奥行きの長さ）使って家の大きさを確認している。たとえば家を作るための竹を集めるとき、量が十分かを判断するためにこの縄を使う。おかげでよけいな仕事をせずにすむ。切り出してきた竹が10本も余るということは避けたいからだ。

一方、マダン州のある少数民族は、縄はもちろん、ほかの道具もいっさい使わずに家を建てる。やり方は決まっていて、基礎の柱9本または12本をほぼ等間隔に立てた上に四角い家を建てるのだが、これをすべて目測でやってしまう。

もっと標高の高いカベベという村では、円形の高床式住居が建てられている。出入り口は床の端に開けられた穴で、家の中心にはたき火ができるスペースがある。このような家の場合、床と出入り口の穴、つまり大小2つの円の大きさを決めなければならないが、これを測るのにも縄が使われる。さらに、外気が吹き込まないように出入り口をできるだけ小さくしたいので、彼らは村でいちばん太った人の胴まわりを測る。この人がぎりぎり通り抜けられる大きさの穴であれば、出入り口として十分というわけだ。

このように、ものを測ることもある程度までは行われている。だが、家の面積や必要な資材の量を計算するようなことはなく、材料集めと建設は勘をたよりに進められる。縄には、家の幅やだれかの胴まわりを示す以上の意味はない。家を建てたり、橋をかけたり、カヌーを作ったりするのにも数学は必要ないのだ。

小さな数の区別

このように数学が使えないわけでも、数を数えられないわけでもないのに、数学を必要としない民族は存在する。彼らは目測の能力が高い。そのほうが時間の節約になるし、目分量でも困らない。では、数学を用いずに商売をしたり、食料を確保したり、橋をかけたりできるのは、どういうわけなのか。この問いには、ここ20〜30年の研究で1つの答えが見いだされている。じつは、人間の脳には、数や量の概念の処理を行う領域がある。だから、その分野の数学を習ったことがなくても、長さを目測したり、四角形だと認識したりできるのだ。

この脳の領域は、3つに分かれている。1番目の領域は、3までの数量に関係している。リンゴ1個と2個のちがいを一瞬で区別できるのは、この領域のおかげだ。2番目の領域は4以上の大きな数量を処理し、3番目の領域は図形を認識する。地図をはじめて目にしても見方がわかるのは、3番目の領域のはたらきだと言える。まず、人間は小さな数量の区別が得意だということから見ていこう。

この能力は赤ちゃんにも備わっている。人間は生まれたときから「1」と「2」を区別できる。数の概念としてではなく、ものが1つあるか2つあるかのちがいがわかるという意味だ。点が1つだけある紙をしばらく見せられたあとに、いきなり点が2つある紙を見せられると、赤ちゃんはびっくりする。目のまえにちがうものが現れたとわかっておどろくのだ。おどろきの程度は、赤ちゃんが紙を眺める時間を測定することで確認できる。すでに見たことのある模様だと、すぐに飽きてよそを向いてしまうが、見たことのない模様なら長い時間見つめるからだ。

この性質を使えば、赤ちゃんが周囲の世界に何を期待しているかを調べることができる。実験の結果、意外なことが発見された。なんと、赤ちゃんは足し算・引き算ができるようなのだ。赤ちゃんにまず人形を2つ見せ、それをついたてで隠したあとで片方の人形を取り除く様子を見せる。すると、赤ちゃんはついたてのうしろにある人形は1つだけだと予想する。ここで、人形がまだ2つある場面を見せられると、赤ちゃんはかなりびっくりする。これは、数についての知識を学んでいない赤ちゃんが、2－1＝1が正しく、2－1＝2はまちがいだと理解していることを示しているのだろうか。

いや、そうとも言いきれない。この実験で赤ちゃんが何にびっくりしたのかというと、自分の期待に反して人形が2つあったことだ。人間の脳には、身のまわりのものを目で追うことに特化した領域が存在する。何かに注意を向けると、色や大きさ、位置などの情報が自動的に取り込まれるが、それは赤ちゃんの脳でも同じだ。だから、見ていたものが消えたり、何もないはずのところにものが現れたりすると、そのことに気がつくのだ。

人間の脳がはっきりと区別できる数には限度がある。それがいくつまでかは成長段階によって異なるが、赤ちゃんの場合は3までと考えられている。4以上の数になるとうまく区別できないからだ。たとえば、このような実験がある。赤ちゃんの左側に箱を置き、赤ちゃんが見ているまえでクッキーを箱に1枚入れる。つまり、赤ちゃんは箱の中身を知っている。そして、右側に置いた箱にはクッキーを4枚入れる。この箱の中身も赤ちゃんは見て知っている。さて、赤ちゃんは左右どちらの箱を選ぶだろうか。ハイハイして行くのは右か、左か。

かならず右のほうにはっていく……とはならない。赤ちゃんにクッキー1枚と3枚のちがいが認識できるなら、クッキー1枚と4枚のちがいもわかりそうなものだ。差が大きいのだから、いっそう見分けやすくなったようにも思える。ところが、右側の箱のクッキーが4枚になると、赤ちゃんはどちらの箱のクッキーが多いか判断できず、その結果適当に右に行ったり左に行ったりする。数を認識する脳の領域が機能停止状態になって選べなくなってしまうのだ。赤ちゃんは、生後22か月までは「1」と「4」の区別をつけられない。

とはいえ、22か月ごろに脳が急速に発達し、4つのものを同時に追いかけられるようになるわけではない。そんなことは大人でもなかなか難しいだろう。赤ちゃんの脳が変化するくわしいしくみはまだ解明されていないが、それが言語に関係していることまではわかっている。単数形と複数形を使いわける言語を話す子どものほうが、「1」と「4」のちがいを早い時期に理解するからだ。

たとえば日本語では、単数と複数はあまり厳密に区別されない。だから、このちがいを日本の子どもが理解するまでには比較的時間がかかるし、数字をあつかうことを覚えるのはさらに数か月後になる。ただし、日本の子どもはこの後れを取り戻す。逆にオランダ語を話す子どもは、11以上の数を覚えるのに比較的時間がかかる。日本語では、「24」は「20と4」で、子どもでも数の成り立ちを理解しやすいが、オランダ語では、「4と20」の順番になるからだ。デンマーク語はオランダ語よりさらに複雑で、たとえば、「90」は、「$4\frac{1}{2}\times 20$」と表現される。

数を覚えるうえで言語はたしかに重要だが、結局のところものを言うのは「1つ」と「2つ以上」を区別する能力のほうだ。子どもたちが「1（いち、ひとつ）」という言葉の意味を獲得する基礎となるのはこの能力だろう。「1」「2」「3」……をきちんと認識できない子どもは、まだ数のはたらきを理解していない。数字を順番に言うことはできても、ぬいぐるみを「1個」取っておいでと言われて、ちゃんと1個取ってくるかはあやしいものだ。

人間は、生まれながらの能力を成長にともなって発達させていく。「1」の意味がわかれば、「2」も「1と、もう1つの1」だと理解できる。この認識はとくに数を学ぶときに便利だが、数量を処理する脳の領域がなければ成り立たない。

「おおざっぱなちがい」を理解する

対象が4つ以上になると、その処理は大きな数量を処理する脳の領域に引き継がれる。これも生まれつき備わっている。赤ちゃんは、点が4個と8個のちがいを見分けられるが、大きな数をすべてはっきり区別できるわけではない。ここが小さな数の処理を受け持つ領域と異なるところだ。

4個と6個の比較的小さなちがいは、赤ちゃんにはわからない。これは、点の数が3〜

4個以上になると、全部でいくつあるかが正確に把握できなくなるためだ。ただし、対象によって区別できたりできなかったりする。生まれてすぐの赤ちゃんは、紙に描かれた点の数がべつの紙の点の2倍以上あることは認識できる。「6個は4個より多い」というのはわからないが、「8個は4個より多い」はわかる。ようするに、2つの個数の対比（大小）なのだ。自分で試してみてほしい。１００個と１０５個のちがいを一目で区別するのは、5個と10個を比べる場合よりもずっと難しいはずだ。

人間は、成長するにつれて小さな差を認識できるようになる。たとえば生後3か月くらいになると、4個の点と6個の点のちがいを区別できる。大人になると、13個の点は12個より多いことも見分けられるようになる。あくまで一般論で、いつもかならず正解するわけではないが、少なくとも2回に1回は多いほうを当てることができる。とはいえ、20個と21個のちがいを数えずに見分けるのは、ほぼ無理と言っていいだろう。

だから結局は数えるほうがよい、ということになる。数えずに判断するのとはちがって、数は正確だ。ロボダの人々は数を数えないので、だれに何本ヤムイモをあげたかは正確には知らない。とはいえ、だいたいの数は見ればわかるから、お返しの量がずいぶん少ない（あるいは多い）とめだつ。だが、1、2本の差が問題になることはないだろう。

大きな数をあつかう脳のしくみは、小さな数のときとはちがう。もっとも、数について何も理解していない時期の赤ちゃんでも、大きな数の計算ができるらしい。２－１＝２の実験と同じように人形を使って、赤ちゃんが５＋５＝５はおかしいと気づくかどうかを確かめた実験がある。結果としては、赤ちゃんはどこか変だと感じているらしいことが示された。５＋５＝10には反応がなかったが、５＋５＝５にはびっくりしたからだ。ということは赤ちゃんは、この時期すでに大きな数の計算を身につけていると言えるのだろうか。

２００４年に行われた実験では、赤ちゃんは大きな数も計算できるという結論が出た。だが、その後明らかになったところでは、赤ちゃんは５＋５＝５にはおどろくが、５＋５＝９に対してはべつにおどろかない。反応は５＋５＝10と同じで、期待していたこととちがうとは認識しなかった。つまり９と10のちがいは区別できていない。この実験で赤ちゃんがおどろいたのは、人形の数が５よりも多いと期待していたのに、見せられたのが５つだけだったからで、計算して10だと思っていたのではない。赤ちゃんの期待はもっとおおざっぱで、「５よりは多いが、ものすごく多くもない数」という程度なのだ。

この「おおざっぱな期待」はどうやって生まれるのだろう。数量のちがいを区別できる脳のはたらきとはどんなものか。これについてはまだ見解が分かれている。僕の考えを述べるまえに、ものや時間の長さに関係する人間の脳の領域について説明しよう。

ものの長さは、見ただけで正確にとらえられるものではない。もちろん、この長さはあの長さの2倍だといったことはすぐ認識できる。長方形のテーブルを目にしたとき縦横の長さがちがうのはわかっても、正確に何センチメートルかまではわからない。時間の長さについてもまったく同じで、10秒と5分のちがいは確実にわかるし、1時間と2時間の差にも気がつく。だが1時間と1時間＋1分なら、はっきり区別できはしないだろう。

この認識のしかたは、じつは数量のちがいを認識するしくみにそっくりなのだ。赤ちゃんは、生まれたときからものの長さのちがいを見分けられるし、2種類の音のうち、どちらがより長く続くかも聞き分けられる。人間は成長するにつれて、ものや時間の長さをうまく認識できるようになり、区別できるちがいが増えていく。それでも、正確な値は測ってみなければわからない。ケワビの人々が橋を作るとき、切り出してきた木の長さが十分かどうかは毎回賭けだ。木を向こう岸に渡そうとしたときに、はじめて長さが足りないとわかるという失敗も起こる。

ものを数えない少数民族がたよりにしている目測の能力は、じつはだれもが生まれつき持っているが、成長するにしたがって磨きがかかっていく。この能力は人間だけにあるものではない。サルはもちろん、ネズミと金魚も数量や長さのちがいを認識できるし、このような処理を行う領域は、ほとんどの動物の脳にもあることがわかっている。では、数学についてまったく知識のない動物（人間ふくむ）が数量を把握できるのは、何によるのだろう。

僕はいまのところ、こう考えている。人間が、「おおざっぱなちがい」を認識できるのは、ものや時間の長さの情報をもとに、脳が数量について判断をくだすからだ。何個あるかよりも、どちらが長いかのほうが一目でとらえやすい。長さや面積その他、見分けられる対象を手がかりに、脳はより抽象的な対象、つまり数量を処理している。なお、僕の考えの根拠には、脳はだまされやすいということがある。

わかりやすい例をあげよう。次ページの図を一瞬だけ見て、数えたりせずに黒い点が多い円を選んでほしい。ほとんどの人はいちばん右の円を選ぶのではないだろうか（僕もそうだ）。ほかの円に比べてずいぶんとすき間が少ない、ということは点が多いと思うわけだ。ところが実際に数えてみるとわかるが、どの円でも黒い点の数は同じである。

人間の脳が犯すまちがいはほかにもある。たとえば2つの数を比較するときには、その位置関係、並び方が重要になる。数が「正しく」並んでいれば、その大小の判断がしやす

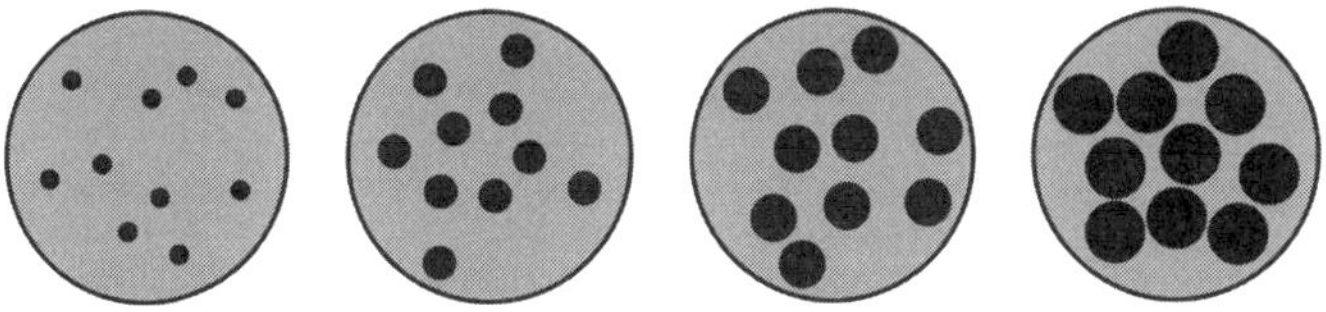

4つの円の中にある点の数は等しいが、
点が大きいと数が多いように見える

い。小さい数は左側に、大きい数なら右側にある「はず」——脳はそう考える。だから、「9は5より大きいか」という問題で、9が5の右側に並んでいれば、早く答えが出せる。9が5の左にあるときと右にあるときの反応時間の差は自分ではわからなくても、計測値に表れる。「9は15より大きいか」は、15が9の右側にあるほうが答えやすい。

とはいえ、これはいつでもあてはまることではない。ヘブライ語を話す人ではまったく逆で、9は15より小さいという判断がしやすいのは、小さい数（9）が右側にあるときだ。理由は単純で、ヘブライ語は右から左に読む言語であるためだ。2つの言語を自由に操れる人の場合は、もっとややこしくなる。たとえばヘブライ語（右から左）とロシア語（左から右）を母語とする人では、「判断しやすい配置」は最後に目にした言語によって決まる。最後に見たテキストがヘブライ語なら、大きな数が左側にあるほうが簡単だし、ロシア語なら、大きな数が右側にあると脳の負担が減る。

ようするに、脳は見たものに数をリンクさせている。脳が数量を処理するうえで、位置が持つ意味は大きい。これは9や15のようにはっきりした数（字）にかぎらず、点であっても同じだ。しかも、これは人間だけの能力ではない。「大きな数は右側」と考える傾向は、ヒヨコにも見られる。この場合「点が多いものは右側」となるが、こんなふうに数がわかるのは、ヒヨコがものの長さを把握できるからかもしれない。

ヒヨコも図形を認識する

数学を使わなくても、人間は交易を行ったり、橋をかけたり、安心して海に出られるようなカヌーを建造したりできる。なぜそんなことができるかについても解明が進んでいる。共通点は、すべて数量に関係のある活動ということだ。

だが、社会集団にとってきわめて重要な数学の分野はもう１つある。それは、幾何学だ。たとえば家を建てるには、図形の理解が必要になる。奥行きを長くすると面積はどう変化するか、ある円の半径を変えるとどういう結果になるか。それがわからなければ、まともな家は建てられない。さいわい、人間には図形や空間を認識する能力も生まれつき備わっている。

人間の脳には、図形の処理を専門に行う領域がある。目的地への道を見つけられるのはこのおかげだ。ヒヨコをふくめ、ほかの動物の脳にもこのような領域があり、簡単な図形を認識できる。これはたとえば、隠したエサを探すときに役立つ。なお、動物のナビゲーションの方法はこれだけではない。渡り鳥は正しい方角に飛ぶために太陽や星の配置を利用するし、昆虫はにおいの跡をたどって巣に戻る。このようなときに図形の認識はかならずしも必要ではないが、認識できると便利な場合もある。めざす巣が円の真ん中にあるのか、あるいは長方形の角にあるのかが把握できるからだ。

これに似た条件で、ヒヨコや幼児が図形を認識する能力について調べた研究がある。目的となるもの（エサまたはお菓子）の位置を教えたあとで、ヒヨコや幼児がどこを探すかを観察したものだ。幼児もヒヨコも長方形の囲いの中央から動いて、四隅《よすみ》のうちどれか１

つにあるお菓子、またはエサまでたどり着かなければならない。ヒヨコは、探すまえに身体をぐるぐる回されている。両者とも、自分の左側にある長い辺の先にお菓子またはエサがあることはわかっていて、左側の辺が長いことだけをたよりに、長方形の左下か右上を探しにいく。つまり幼児もヒヨコも、ある程度、図形を処理する能力が備わっていると言えそうだ。

幼児やヒヨコは、長方形が何かを理解しているのだろうか。それとも向かって左手に長い壁がある角に何かがあることしか覚えていないのだろうか。多くの実験の結果、これは角度や長さだけでなく、ものの形に関する能力であることが明らかになっている。

僕の脳は、たとえば、いまいる部屋の状況を現在進行形でイメージする。左手には長い壁があり、そのひと隅に机が置かれている。右手奥にはドア、それから僕のうしろ、左隅に机がもう1つ……。ほぼ毎日ここで仕事をしているのだから、相当なじみのある空間だ。しかし、知らない部屋に足を踏み入れたときでも、脳はその部屋全体を頭の中に描く。仮に目隠しをされていても、部屋の形を漠然ととらえ、大きな家具などの場所もある程度まではわかる。

だが、目隠しをした状態で身体をぐるぐる回されたらどうだろう。目隠し越しに照明の光が届いても、どこに何があるかを指さして言うことは難しいだろう。頭の中ではわかっているので部屋の様子を描写することはできる。それでも自分が立っている位置は、脳がどうがんばってもわからない。

特定の状況を頭の中で再現するには、その空間に角はいくつあるか、壁の長さやその関係はどうかといった程度まで図形を認識できなければならない。ここでは大人の例を取りあげるが、子どもや動物でもできることを示す兆候は十分にある。しかも脳には、四角形や円によく反応する独立した神経細胞《ニューロン》があるようだ。

このニューロンのおかげで、たとえばアマゾンで集落を形成して住むムンドゥルクの人々など、数学を持たない文化で暮らす人々も図形について考えることができる。彼らもピダハンと同じく数学を使わず、生まれつきの能力にたよっている。

ムンドゥルクの人々を対象に、図形に関する次のような実験が行われたことがある。対象者には、図形が６つ描かれた紙が１枚渡される。この図形は、５つは直線で、１つは曲線というように、１つだけちがう。実験の目的は、数学のリテラシーを身につけていない人にこのちがいが認識できるかどうかを見ることだ。結論としては、できるときもある（直線と曲線の場合）し、できないときもある（線分上の中点とほかの点の場合）。

ものの形と距離を判断することについては、数学的な訓練の必要なしという結果が出た。正答率は100パーセントではないが十分に理解できており、説明なしで地図を読むこともできた。狭い範囲を表す地図はまったく問題なかった。地図を読む能力にも限界はあるが、この結果は人間は数学を学ばなくても図形を処理する能力があることを（またしても）示している。

つまり、数や幾何学を使わなくても、たいして問題なく暮らしていけるということだ。人間は、生まれたときから数量や距離、ものの形を処理できる。人間の脳は、ヤムイモがカゴに何本ぐらい入っているか、向こう岸までの距離はどのくらいか、家を1軒建てるのにどれだけ木を切り出すべきか、といったおおまかな判断には数学を必要としない構造になっている。

ただし、この能力と数学のスキルを混同してはならない。数学とは、学習を通じて身につけるべきものだ。赤ちゃんは数が何であるかを理解していないし、幾何学もまだ知らない。赤ちゃんがものの形を認識できるのは確かだが、それについて考えること、つまり図形の分析はできない。図形について「考える」部分こそが数学の領域である。そのためには四角形の認識ができなければならないが、それだけでは十分とは言えない。

数学が必要になる理由は何だろう。数学を学ぶ機会がまったくなかったとしても、かなり幸せに生きていくことはできる。それなのに、はるか昔、メソポタミアからエジプト、ギリシャから中国にいたるまで、算術と幾何学を学ぶべきだと考える人々が世界各地に現れた。こうして生まれつきの能力にとても大事な何かが付け加えられ、人々はそれなしではやっていけなくなった。その人事なものが何だったのか、次の章で見ていこう。

4

はるか昔の数学

―― シュメール国家の簿記、古代エジプトの租税計算今日のイラク南東部には、かつてウンマというシュメールの都市国家が存在した。この地域がシュルギ王治世下にあった紀元前21世紀、ある属州の知事が頭を抱えていた。各属州には労働奉仕の義務が課されていたが、彼の州は中央政府が決めた奉仕日数に達しないことが続いていたからだ。ここ数年分の不足は6760日、それが今年は彼が計算をまちがえたせいもあって7421日にまで膨らんでしまった。労役にあたる日数は中央政府に納められるべき「もの」とみなされており、日数分の労働力を確保できなかった知事は、いまの言葉で言えば債務を負ったわけだ。国に貢納《こうのう》すべき分が生産されない状況は、シュルギ王にしてみれば知事の責任である。したがって知事が死ねば、返済のために家財と家族が国によって売りに出されることになっていた。

知事だけでなく、労役にかり出される人々の生活も過酷だった。休日は女性で6日に1日、健康な男性になると10日に1日しかなかった。隠居という選択肢はなく、高齢者も（おそらく死ぬまで）働くことを強いられた。このような体制を維持するために簿記が活用され、知事による決算書は今日の企業の年次決算に匹敵した。シュルギ王が用いた複式簿記は、領収書や請求書、金券や借用証に基づいてすべての取引を借方と貸方に分けて記入する方法だ。これは複雑すぎたために王の没後すたれたが、3500年後、つまり16世紀ごろになってヨーロッパで復活した。王が進めたような計画経済体制の確立をめざす国が登場するのは、さらに時代が下ってからのことだ。

国が求める労役の日数は信じられないほど多く、債務を負っていない知事はいなかった。この体制で唯一よかったと言えるのは、大量の粘土板《ねんどばん》が現存することだ。領収書、請求書、決算報告書など、多くの「書類」がよい状態で残っており、そこからウンマの知事がどんな状況に置かれていたかがわかる。この種の書類からは、数字の強みも見てとれる。つまり、記録と整理だ。計画の進捗《しんちょく》や作業日数を記録するとき、正確な数量で処理できれば手間が省ける。数学を使うと、大きな集団の統率がしやすくなる。つまり、数学が誕生したのは、大勢の人間が都市で生活するようになってからのことなのだ。

数字の誕生

シュルギ王よりずっとまえの時代、メソポタミア（大部分が現代のイラクに相当する）には狩猟採集民が暮らしていた。紀元前8000年ごろにはすでに集落が生まれ、穀物や野菜、果物の栽培を行って栄えた。チグリス、ユーフラテスの2つの大きな川にはさまれた平野には優れた灌漑《かんがい》施設が整備され、人々には十分な食料が行きわたっていた。生活集団の規模は拡大していき、集落間の連絡や商人の往来が頻繁《ひんぱん》になり、中央政府の存在もますます重要になった。少人数で生活していれば全員が知り合いなので秩序は維持できるが、それはもはや不可能になった。どの集落も大きくなりすぎたからだ。こうして、時を同じくして各地に都市国家が成立した。そして税の徴収が始まった。

もっとも、そう簡単に運んだわけではない。なにしろ、このころ数字はまだ存在しなかったからだ。政府は必要な量をきっちりと決めず、目分量で徴収していた。このため、納税者には、決まった税率のとおりに計量がなされたか、あるいは自分の手元にはどのくらい残ったかを確認する方法がなかった。もっとやっかいだったのは、徴収量を表現する語彙がほとんどなかったことである。単純に「カゴ1杯分」と言うときでさえ、すでに数

（１）が入っている。数がまだ存在しないところで数量の話をしたいのだから、まわりくどい言い方になってしまう。しかし、ここである方法が発明された。

すべては倉庫から始まった。スーサやウルクといったメソポタミアの都市では、都市の拡大にともなって倉庫も大きくなっていた。ここで商人たちは、倉庫に保管されている産物の量を記録するために「石」を使いはじめた。本物の石ではなく、粘土製の石だ。大きさがそろっていて、表面に印がついたこの石は、今日「計算石《トークン》」と呼ばれる。実際のところ計算に使われたわけではないが、穀物１か月分、ヒツジ１頭といった具合に量を表現する際に重要な役割を果たした。石ごとに一定の量が決まっていたおかげで、いちいちカゴを取り出して量を決める必要はなくなった。粘土の石をいくつか使えば事足りたからだ。

粘土の石は、次第に多くのものに対して使われるようになった。あるとき、現在のイラン南西部に位置する古代都市スーサの租税徴収人は、国に納めるべき穀物の量を「カゴ何杯分」と伝えようとして問題に直面した。数を表す語彙を持たないために、何杯か言えなかったのだ。彼らは粘土製の封筒に計算石を入れて封印するという方法をとった。石１個がカゴ１杯に対応したので、数を数えなくても正確な量を表せた。こうして紀元前４０００年ごろのスーサでは、すでに徴税や神殿への奉納物の管理に計算石が用いられていた。

都市国家ウルクは、さらに一歩先を行った。スーサと同様に計算石が用いられていたが、この石を粘土の封筒に入れて、どれだけの物資が送られたか、あるいは封筒の受取人がどれだけの物資を送り返さねばならないかを示すようになった。計算石を封入するのは、届けられる途中でごまかしがなかったかを確認するためにもよい方法だった。ただ、粘土の封筒に粘土製の石を入れて閉じ、全体を乾燥させるので、手間はかかった。のちに、年代や経緯は不詳ながら、封筒の表面に計算石の模様を描く方法が編み出された。粘土版についた模様は簡単に消せるものではない。したがって、外側の模様は計算石くらい確実なものとみなされた。そして、この計算石の模様が徐々に変化し、数字となっていった。計算石の模様だったことは忘れられ、「カゴ1杯分の穀物」「ヒツジ1頭」を表す記号と受け止められるようになったのである。この記号がはじめて文字で記された単語となったわけだが、これが書かれた時期は、数を表さないそのほかの語彙（色や大きさなど）に比べてずっと早い。粘土板に一区切りの文が登場するのはこれより700年もあとのことだ。

まとめると、メソポタミアで最初の数字が誕生した流れは次のようになる。（1）計算石の模様が封筒の外側に描かれた。（2）封筒の代わりに平らな粘土板が登場した。（3）

「1杯」「1頭」を表す記号が次第に広く用いられるようになった。（4）同じ記号の繰り返しを省略する書き方が考え出された（同じ記号を10回書くのは面倒なので、「10回分」を意味する新しい記号が発明された）。数字はこうして生まれた。ヒツジの数と穀物のカゴの数の確認に同じ記号が使えるなら、その記号がつまり数字だ。これは、スーサやウルクなどの都市が大きくなり、徴税の管理を便利にする方法が必要になったために起こったことだ。数字は徴収者が楽をしようとして生まれたものなのだ。

この世界最古の数字は、次ページの図のように円と爪のような形の印からなる。粘土板に印を付けるためのペンは両端が使え、丸い先で円を、尖った先で爪の形を押しつけて書いていたからだ。記号は右から左へと書かれた。まず小さな爪の形1つで数字の「1」を表す。この形は9個まで並べて書くことができる。「10」はべつの印になり、小さな円1つで表した。

メソポタミアで誕生した数字は、今日使われている数字とはちがっていた。「10」を表す小さな円を10個並べて「100」とはならず、「10」を5回繰り返して書くと、その次は新しい印になった。つまり「59」に続く「60」は大きな爪の形1つで表されたのである。このようにして36000までの数を記述することができた。これよりもずっと大きな数

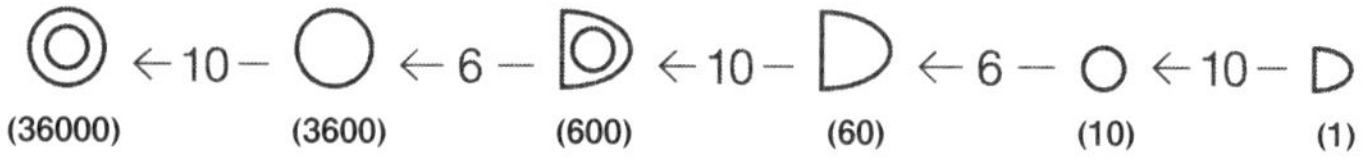

メソポタミアにおける世界最古の数字

となるとやっかいだったが、それは問題にはならなかった。当時カゴ３６０００杯分の穀物を倉庫に蓄えていた人などいなかったからだ。

　のちにメソポタミア人がさらに発展した文字体系、つまり楔形《くさびがた》文字を用いるようになると、数字の書き方も変わり、それまで以上に大きな数も表現できるようになった。次ページの図に示したのは楔形文字で書かれた数字だ。メソポタミアでは書記法が発達し、分数の記述も可能だった。すべて経済を維持するために起こった変化だ。

　スーサやウルクのような都市国家は、徴税の手続きだけでなく、食料供給の管理にも数字を活用した。穀物その他の食料がどのくらい倉庫にあるかはもちろん、収穫予定の量や市民に十分行きわたるかといったこともさかんに記録している。つまり、倉庫に運び込まれる穀物の見込み量と、市民がもれなくパンを手に入れるために必要な量を概算していたのである。不足しそうな場合には追加の植えつけが命じられたが、それは追加分をまかなうために必要な土地の広さを見積もったうえで行われた。倉庫に長く保管しているといたんでしまうの

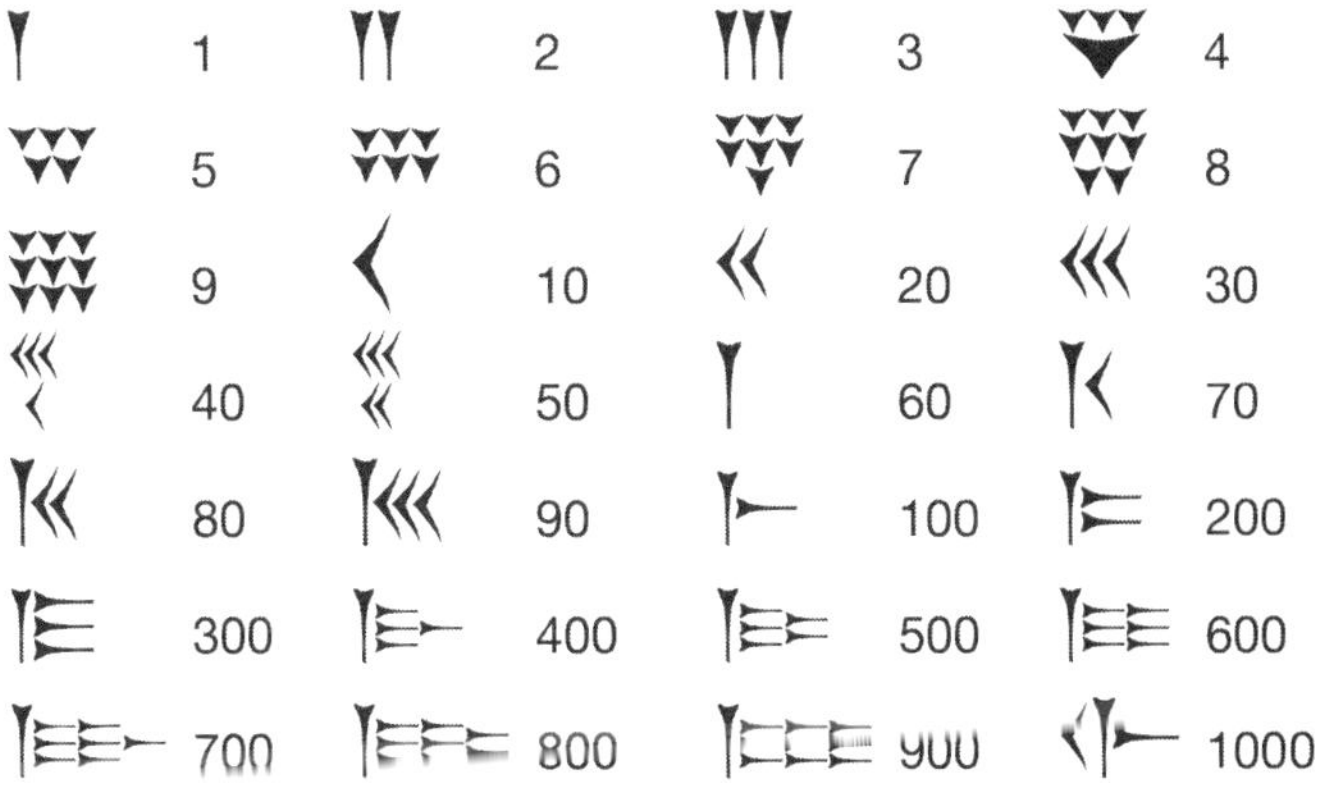

楔形文字で表記した60進法の数字

で、収穫量が多すぎるのも足りないのと同じくらいまずいことだったのだ。

メソポタミアで食料管理計画の責任を担っていたのは、神殿の神職と優秀な書記官、つまり帳簿係だった。書記官は文書の作成だけでなく計算と測量術も身につけており、帳簿の記録以外に土地の面積の計算もできた。実際のところ、書記官の職務は現代の会計士とほぼ同じだった。商人のために契約書を作成するほか、建設工事に必要な労働者の人数を計算する任務をこなす者もいた。さまざまな活動の計画を立てる際に数学を使うことが増えていき、建物の構造も幾何学に基づいて考案されるようになった。こうして書記官は建築家になり、最後にはシュルギ王のもとで知事に上り詰めたのだった。

都市国家を組織するための数学

書記官がこれほどいくつもの役割を引き受けられたのは、当然そのための教育を受けていたからだ。紀元前１７４０年の学校の遺跡が発掘されており、当時の状況などもかなりよくわかっている。暗算や土地の分割だけでなく、ありふれた問題と数学を結びつけて考える姿勢にも重きが置かれていたようだ。書記官の学校とは、日常の問題に対応できるようになることをめざす場であり、数学の役立て方がわからない生徒は笑いものになった。

数学は実用を意図した学問だったが、計算と実務のかかわりが明確に教えられていたかというと、とてもそうとは言えなかった。メソポタミア中部の都市ニップルにあった学校の教材は、大部分が計算問題で占められており、繰り返し練習した様子がうかがえる。

ニップルの生徒たちは、まず読み書きを習った。基本的には、一覧表の単語を完全に覚えるまで書き写すというやり方だった。特定の場所の名前、食用肉の種類、重さや長さを表す語彙を覚えると、数学に取りかかった。ここでも計算表など、算術や幾何学に関する

「お手本」があった。それから最後の仕上げとして、典型的な契約書を暗記した。これももちろん何回も書いて覚えた。

しかし、すべてにおいて反復が求められたのではなかった。実際の場面を模した次のような文章題が出されたこともあった。

・壁がある。その厚さは2キュビット［1キュビットは約50センチメートル］、長さは2と$\frac{1}{2}$ニンダン［1ニンダンは約6メートル］、高さは1と$\frac{1}{2}$ニンダンである。では、れんがの量は？

・家の面積は5サル［1サルは1平方ニンダン。約36平方メートル］である。2と$\frac{1}{2}$ニンダンの高さにするために必要なれんがの量は？

・壁がある。その長さは2と$\frac{1}{2}$ニンダン、高さは1と$\frac{1}{2}$ニンダン、れんがの量は45サル［「サル」はれんがの量を表す単位としても使われた。この場合1サルはれんが720個］である。では、この壁の厚さは？

こういった問題の答えを知りたいと思うのは当然だろう。しかし生徒たちは、次のような無意味な文章題も、たくさん解かなくてはならなかった。

・壁がある。その高さは1と1/2ニンダン、れんがの量は45サルである。壁の長さ（奥行き）は、横の長さ（幅）よりも「2；20」（10進法に直すと2×60＋20＝140、つまり140）ニンダン分長い。この壁の奥行きと幅は？

・日干しれんがの壁がある。この壁の高さは1ニンダン、日干しれんがの量は9サルである。壁の長さと厚さを足すと「2；10」（つまり130）となる。この壁の長さと厚さは？

・日干しれんがの壁があり、9サルの日干しれんがを用いた。この壁は、その厚さよりも「1；50」（つまり110）分長い。高さは1ニンダンである。この壁の長さと厚さは？

1つめと3つめの問題を考えてみてほしい。壁があって、その壁の長さは横幅や厚さと比べてどれだけ長いかがわかっている。実際に測ったからではない。それなら答えも明らかなはず（で、計算するまでもない）。しかし、測らなければどうやってわかるのだろう。2つめの問題はもっとおかしい。長さと厚さがいずれもわかっていないのに、いったいどうすれば長さと厚さの和を出せるのか。現実にはけっして起こりえないことだ。

このような不毛な問題のねらいは、数学が日常的な問題にいかにうまく応用できるかを示すことではなかったようだ。おそらく書記官（とその見習い）を手こずらせ、各自の習熟度を見るために出されたのだろう。欠点は、数学のスキルアップを優先するあまり、実用から離れてしまったことだ。この種の計算は、都市国家の事務にはまるで関係がない。

とはいえ、このタイプの数学もまったくむだではなかった。実務に応用できる結果が出ることもある。たとえば、壁に立てかけられた棒の問題。次ページの図に示すように、長さdの棒が、地面からl《エル》の高さで壁と接している。この位置から壁の上端までの長さはbである。たとえば、長さ5メートルの棒の上端が地面から4メートルの位置で壁と接しているとき、棒の下端は壁とどれだけ離れているか。つまり、aの長さはいくらか？

三角形の性質をなんとなく覚えていれば、答えは出せるはずだ。棒と壁は直角三角形の斜辺と高さの関係にあり、ピタゴラスの定理 $a^2+b^2=c^2$ が成り立つ。この例では $a^2+l^2=d^2$ で、棒の下端から壁までの距離（a）は、$3^2+4^2=5^2$ より3メートルとなる。おどろくべきことに、ピタゴラスが生まれる1500年もまえに、メソポタミアの人々もこれを理解していたのだった。壁に棒を立てかける問題では、ピタゴラスの定理の出番はあまりない。棒が壁に接する高さl《エル》を測るなら、ここで求めたい距離aも測ればよいからだ。しかし、

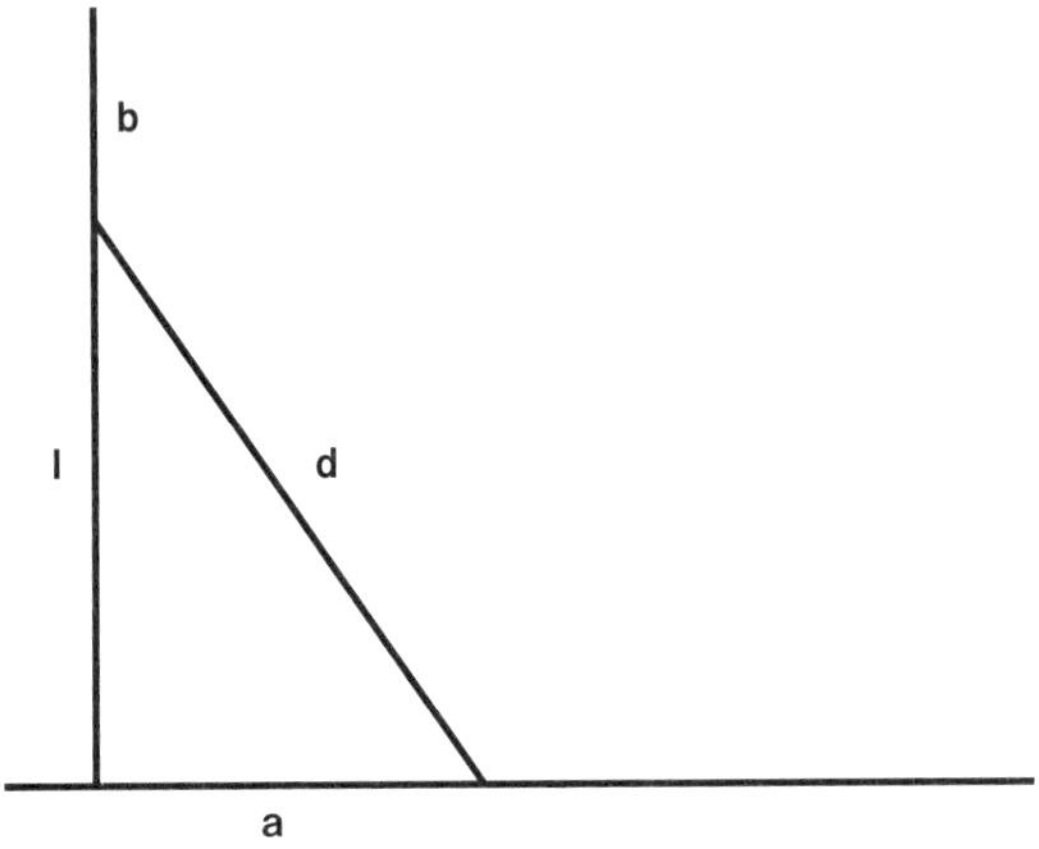

メソポタミア版ピタゴラスの定理

ピタゴラスの定理は直角であることを確かめたいときに大いに役に立つ。$a^2+b^2=c^2$ が成立するか。答えがイエスなら、直角三角形ということだ。

メソポタミアでは数学が高度に発達した。ギリシャ人よりもずっと早く、紀元前１８００年ごろにはさまざまな難問の解法が知られており、たとえば次のような数式をすでに解いていた。

$$x^2+4x=\frac{41}{60}+\frac{40}{3600}$$

ただし、シュルギ王の時代はちがった。数学によって人々が自分でものを考えるようになるのを恐れた王は、複雑な数学は教えないようにした。その代わり、子どもたちには王に忠誠を尽くす人間となるよう教え込むための時間が設けられた。

前章の疑問に戻ろう。数学が必要になる理由は何だろう。メソポタミアでは、都市国家を組織するために数学が必要だった。徴税をはじめ食料備蓄の計画や建物の建設が、数学を用いることで楽にできるようになった。また「楽にする」ことが必要だったのも事実だ。人口が膨れあがるなかで数学を使わなかったとしたら、とても立ち行かなかっただろう。とはいえ、どんな数学でも役に立ったわけではなかった。意味不明の文章題などは、それを解いて見栄を張るためのものでもあったからだ。シュルギ王自身もこの風潮に乗った。市民にはあまり知られないようにしていたが、王はあらゆる数学を習得していた。

古代エジプトの数の体系

古代エジプトの状況は、メソポタミアと共通するところが多い。エジプトでも、租税の徴収を実質的に取り仕切ったのは数字に強い人間、つまり書記官だった。とはいえ、古代エジプトについて解明されていることはわずかだ。メソポタミアでは文字を記すために粘土板が使われ、これらはほぼ完全な状態で発見されているが、エジプトの筆記媒体はパピルスで、こちらはとても腐りやすい。しかも、当時エジプト人が暮らしていたのは、カイロやアレクサンドリアのように現在でも都市として機能している場所であり、そうそう発掘などできない。この結果、発見されている古代エジプトの文書のうち、本格的に数学について述べたものは6点しかなく、すべて中王国時代に書かれた文書だ。古王国（ギザの大ピラミッドはこの時代に建造された）と新王国については、わかっていることがさらに少ない。

数字が文書にはじめて登場するのは紀元前3200年ごろで、これはメソポタミアで粘土板に文字が書かれていた時期と重なる。メソポタミアと同じく、エジプトでも最古の文書は行政に関するものだ。人物の肩書や地名のリスト、物資とその量の一覧などだが、ナイル川の水位の記録も見つかっている。これはおそらく租税計算の基準として用いられたのだろう。つまり、ここでもやはり行政を進めるために数字が使われはじめたわけだ。エジプトの場合は、租税計算のほか、年2回の備蓄食料の一覧を作るためだった。

エジプト人が用いた数の体系は、現代社会で使われているものに近い。「9」の次には新しい記号で「10」を表し、「99」の次にはまた新しい記号で「100」を表す方法だ。

ただし「0（ゼロ）」に相当する記号はない。数としての0が発見されるのはもっとずっとあと、インドでのことである。

さらに、エジプト人は分数を表す記号を持っていた。ヒエラティック（神官文字）では数字の上に点をつける。たとえば数字の2の上に点を打つ（・2）と1/2だ。本書では数字の上に点ではなく線を引いて「$\overline{2}$」と示すことにする。

このやり方で、すべての分数を表現できたのだろうか。エジプト人は、分数を整数の逆数だと考えた。1/2は2の逆数だ。だが5/7は7の逆数ではないし、べつの整数の逆数でもない。ところが、この手の分数は行政の記録をつけようとするだけでも出てきてしまうため、やっかいな分数も処理できる考え方が必要になった。そこで彼らは、これを分子が1の分数（単位分数）の和として表すことにした。たとえば3/4は、$\frac{1}{2}+\frac{1}{4}$、つまり「$\overline{2}$　$\overline{4}$」となる。5/7も、$\frac{5}{7}=\frac{1}{2}+\frac{1}{7}+\frac{1}{14}$、つまり「$\overline{2}$　$\overline{7}$　$\overline{14}$」と表せる。ほかの分数でも試してみてほしい。なかなか難しいのがわかるはずだ。だからエジプト人は、よく使われる分数の表し方を暗記するしかなかった。

分数は事務でよく使われたが、パンとビールの計算が多かった。エジプトの経済全体はこの2つが支えていたからだ。紀元前390年にギリシャ人の傭兵《ようへい》を受け入れるようになると、彼らはパンとビールによる支払いを拒否し、報酬はギリシャの銀貨で払うよう要求した。こうしてエジプトにも銀貨が流入し、その便利さも相まって、しだいに普及した。

エジプト人はそれまで何千年ものあいだ、貨幣を持たずに国全体を治めていた。ピラミッドが建造されたときも、支払いに貨幣は用いられなかった。工事に大勢の奴隷が駆り出されていたというのは作り話にすぎない。作業に参加していたのは奴隷ではなく労働者で、きちんと給料を受け取っていた。意外なのは、給料はパンとビールで支払われることになっていて、しかも多くの場合、その量が分数で表されていたことだ。給料の支払い名簿が完全な形で見つかっているが、それによると神官までパンとビールで報酬を受け取っていた。

経済の基本は物々交換だった。ベッドが必要なときは、気に入ったベッドを何かほかのものと取り換えればよい。家でさえ、自分の持ち物を売り手に渡して「買う」のが常だった。とはいえ、ピダハンのような数を持たない民族とは異なり、エジプト人は数を数えることができた。ものの値段が上下することはあまりなかったし、家や雄牛など本当に大きな買い物のときは書記官のところに行った。そこで交換内容を明記した契約書を作り、売り手と買い手のどちらもあとから文句を言えないようにした。書記官がパンとビールのことばかり書いていた理由もここにある。給与明細や契約書には、それらの量の記述がかならず入っていたからだ。

軍隊でも食料は必要だ。このため、食料の備蓄を管理する者、つまり書記官が配置されていた。中王国時代の文書には、ある書記官がさまざまな状況での同僚の対応をあげつらってばかにするものがある。たとえば、5000人の部隊が長期の遠征に出る際に必要な食料を見積もる仕事で、この同僚はパン300個を携行、さらにヤギ1800頭を帯同させると判断した。

遠征の初日、軍隊がこの同僚のところに到着した。準備した食料を得意げに見せると、兵士たちはこれを食べはじめた。丸1日行軍するのだから、エネルギーを蓄えねば。ところが、1時間ほど食べ続けたところ、ある問題が浮上した。用意していた食料が全部食べつくされたのだ。兵士たちは書記官に激しく抗議した。「食べ物がなくなってしまうとは、どういうことだ？」。書記官に反論の余地はなく、職を辞すしかなかった。

書記官の立場は、給料や租税、食料の割り当てなどに責任を負う、計算が得意な管理職というところだった。書記官は耕地の面積を計算し、ナイル川の氾濫《はんらん》後に残った面積との比較も行った。被害を受けた耕地について農夫に補償する制度があったからだ。さらに、革の供給サイクルと履き物の生産をなるべく一致させるために、職人が仕事をするスピードまで計算していた。

これらは実務的な問題だが、エジプト人はさらにピラミッドの建造に複雑な数学を用いた。下から建てていく以上、頂上がぴったりと合うかどうかは最後までわからない。ただし頂点の角度を計算で出すことはできるので、その方法をとったのだ。

この計算のためにはいくつかの数値が必要だ。まず、建てたいピラミッドの幅と奥行き、さらに高さがわかっていなければならない。それからピラミッドの傾斜角度。この角度が狂うと頂点が合わなくなるため、4つの面の傾斜角度をそろえずに建てていくなどありえない。したがってこの角度はひじょうに重要だ。しかし、エジプト人が角度を計算する方法は現代とはちがっていた。角度が「40度」という表現はなかったのである。

古代エジプトでは、角度はある高さに対して斜面がどれだけ傾いているかの比で表された。次ページの図を見てほしい。傾斜角度が90度なら、壁は地面に垂直に立っている。傾斜角度が90度より小さくなれば、図では右に傾いていくが、これはつまり、ある高さでの垂直面との距離が大きくなっていくことだ。

エジプト人はさまざまな場面で数学を活用した。残っている資料は多くないが、それで

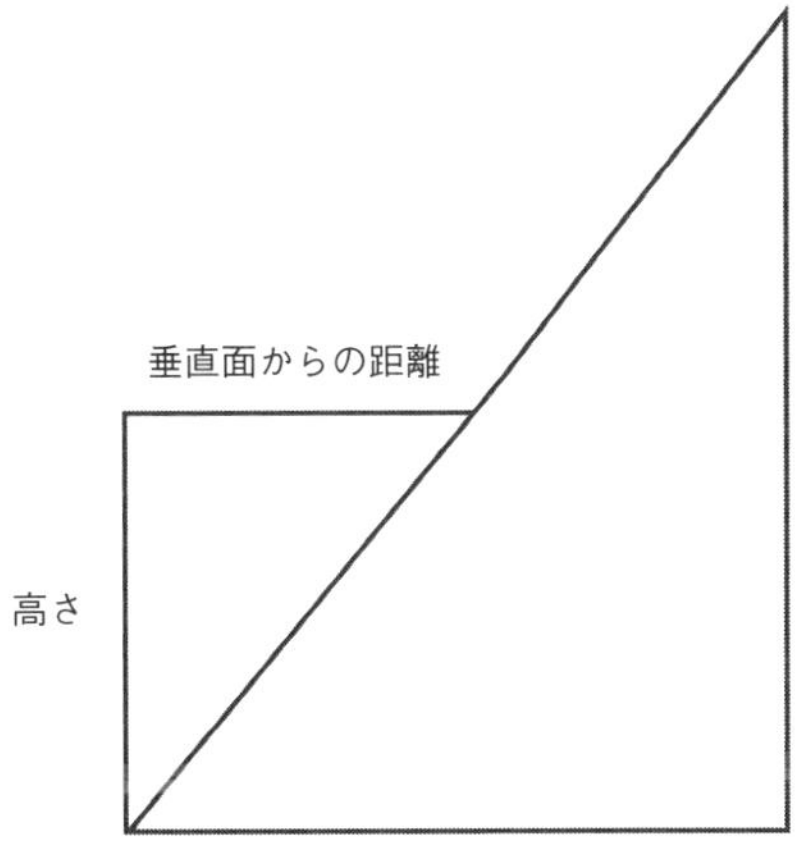

ピラミッドの斜面の角度を測る

も古文書から、メソポタミア人と同じように数学を役立てていた様子がうかがえる。数字に強い人間は社会で重用され、とくに行政分野の仕事を任された。当時のエジプトは、ナイル川の氾濫の影響を考慮した優れた租税制度を持ち、価値の大きなものの売買には標準契約書を用いていた。紀元前3000年ごろにはメソポタミアからより高度な数学を取り入れるが、それ以前の数学はすべて独自のものだった。複雑な数学を「苦もなく」始めた民族はここにもいたわけだ。

数学を変えたギリシャ人

中世以前の世界で数学に力を注いだ民族といえばギリシャ人だ。有名な数学者が多いのも無理はない。なかでもとくに有名なのはピタゴラス、エウクレイデス（ユークリッド）、アルキメデスだろう。一方「ギリシャの数学」については、それほど多くのことが知られているわけではない。古代ギリシャの時代に記された文章やエピソードも残ってはいるが、どれも理論的なものばかりである。たとえばエウクレイデスは理論幾何学をあつかった著作で有名だ。この書物にはあらゆる定義や証明がまとめられており、たとえば線の定義では「線は幅のない長さである」と記されている。抽象的な内容はプラトンの流れをくむものと言えるが、幾何学が実際の場面でどう役立つかを説明する本ではない。ほかの理論中心の著作においても同じことが言える。そこからは、ギリシャ人が数学をどう行っていたのか、なぜ数学を始めたのか、さらには抽象的な理論を書き残そうと思った理由は何か、といったことはほとんどわからない。

とはいえ、これはギリシャ人が自分たちの理論を応用しなかったという意味ではない。実際、サモス島には「エウパリノスのトンネル」というすばらしい例が残っている。長さ

1000メートル超、幅2メートル弱のこの水道トンネルは、1200年間にわたって毎秒5リットルの湧《わ》き水を島の首都に送り続けたとされる。紀元前550年にはすでにトンネルの掘削工事が始まっていたが、信じられないことに、これは両端から同時に開削されている。掘り進められた2本のトンネルは、なんらかの方法によってちょうど真ん中あたりで首尾よくつながった。これがもし2、3メートルずれていれば作業チームは完全にすれちがい、トンネルは貫通しなかったはずだ。

この工事がどのように行われたのか、詳細は明らかではない。ギリシャ人はトンネル工事の様子などわざわざ記録するまでもないと考えたようで、こういった実際的な分野で数学を応用することに関心を抱いたローマ人とは正反対だ。おそらくは直線と直角三角形を用いて測量を繰り返し、その結果から2本のトンネルの掘削方向を細かく調整したのだろう。2本が出会うべき中央部に近づくにつれて、作業員にはお互いの槌《つち》の音が聞こえてきたはずだ。つまり、最後の数メートルは耳をたよりに掘り進めたことになる。工夫を凝《こ》らして継続的に測量を行った結果、1000メートルの長さのトンネルが完成した。しっかりとした構造で、現在でも内部を見学できる。もし必要なら送水路として復活させることも可能かもしれない。

ギリシャ人は、その理論的な知識をどのようにして実地に応用していたのだろう。この解明は一筋縄ではいかない。大部分は臆測にすぎず、彼らの理論の展開の明確さとは好対照をなしている。ピタゴラスの定理は、じつはピタゴラスが考えついたものではなく、メソポタミアではもっと早くに知られていた。だがこの定理を現代の数学者に通じる方法で最初に証明してみせたのはピタゴラスだ。ある数学的な表現がすべての場合にあてはまることを示す、厳密で論理的な証明が、ギリシャ人は得意だった。エウクレイデスは証明をまとめた著作で、ピタゴラスは定理で有名だ。だが、古代ギリシャでいちばん有名な数学者といえば、やはりアルキメデスだろう。

アルキメデスは数学以外でも多岐にわたって活躍した。物理学の分野では、湯船につかっているときに「アルキメデスの原理」を発見したとされる。逸話によれば、興奮のあまり服を着るのも忘れて王のもとに駆けつけたという。また彼は兵器の発明家としても優れていた。ローマ軍は長年、アルキメデスが暮らすシチリア島シラクーザに攻め入ることができないでいたが、それはアルキメデスが新兵器を開発したと聞くだけでおじけづいていたからだった。ついにシラクーザが陥落したとき、アルキメデスは数学の問題に集中していた。家に入ってきたローマ軍の兵士に、アルキメデスはこう叫んだ。「私の円を踏むな！」。その直後に刺殺されたという報告を受けて、アルキメデスに危害を加えないよう命じていたローマ軍の司令官は怒ったという。これらが真実かどうかはなんとも言えない。ギリシャの数学者についての奇妙なエピソードはまだたくさんある。たとえば、ピタゴラスはすべての数は分数（整数の比）で表せると信じていたが、そうできない数が存在することを弟子の1人が発見してしまった。この弟子は秘密を守るために海に突き落とされ、溺死《できし》したという。

　アルキメデスが天才的な数学者であったことはゆるぎない事実だ。なかでも、体積や面積の研究に才能を発揮した。彼の墓石には、球と円柱の2つを組み合わせた図形が彫り込まれた。アルキメデスの功績でもっとも有名な、図形の体積の関係を示した証明にちなんだものだ。ギリシャ人は体積を求める公式を持っておらず、これは途方もなく難易度の高い問題だった。与えられた円と面積が等しい四角形を見つけるのが難しいことは一般にも知られており、これはいまでも英語の表現に残っている。「squaring the circle」（円を四角にする＝その円と同面積の四角形を求める）とは、「絶対に不可能なこと」を意味する。

　アルキメデスは、円柱が球と円錐《えんすい》に比べてどれだけ大きいかを示した。次ページの図の3つの立体には、いずれもｒで示す線が書き入れられている。これは球の半径だが、円錐

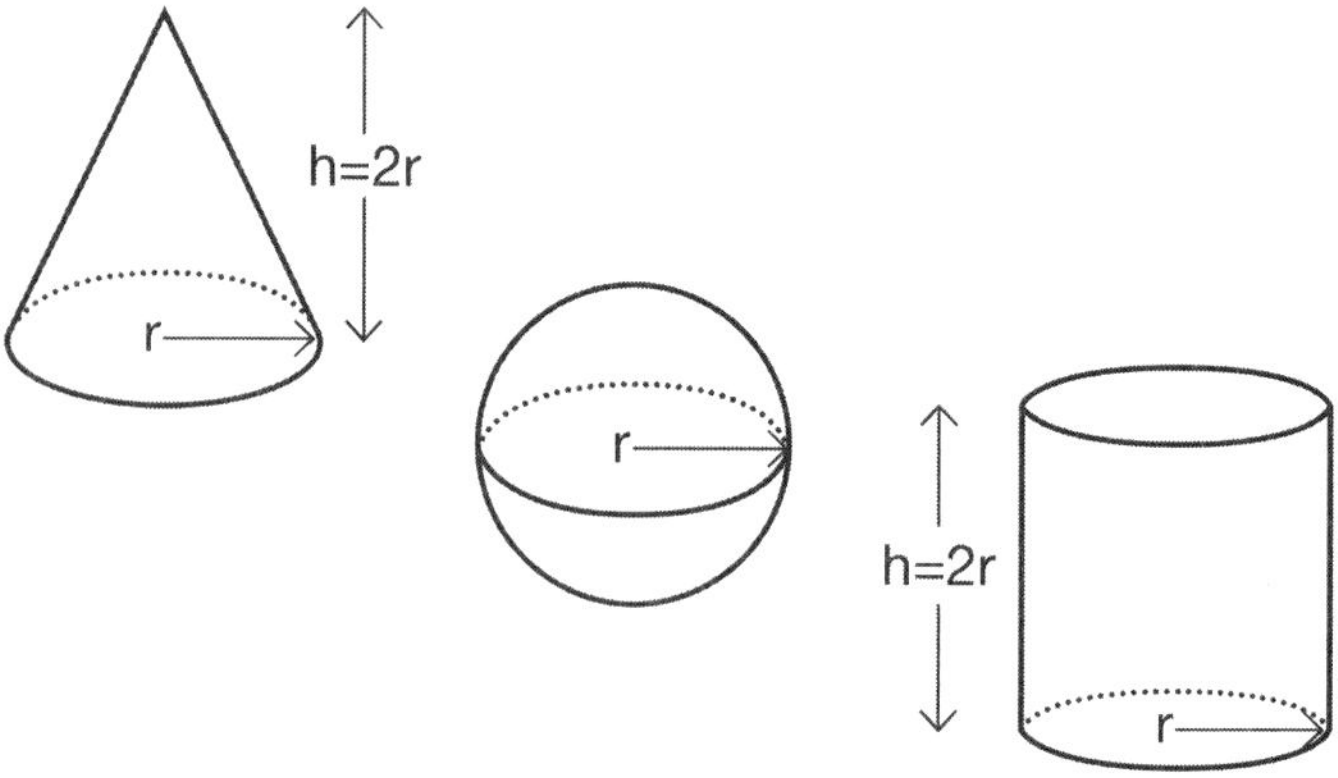

円錐、球、円柱の体積の関係

と円柱の底面の半径でもある。ｒは円錐と円柱の高さを表すためにも使われており、これらは球の直径に等しい。ここで、円柱から一定の部分を切り取ると円錐が得られ、また球は円柱にすっぽりと収まる。３つの立体の体積になんらかの関係がありそうな気がしないだろうか。その想定は正しい。球の体積は、円柱の体積の$\frac{2}{3}$。つまり、球を得るには円柱の$\frac{1}{3}$を切り取ればよいわけだ。円錐の体積はさらに小さく、円柱の$\frac{1}{3}$。したがって、円錐を得るには円柱の$\frac{2}{3}$を切り取ることになる。これより、球の体積は円錐の2倍であることもわかる。

図に示した３つの立体について、「球の

体積が円錐の2倍である」など、一目見てわかるものではない。次の章であつかうが、この証明はいまではひじょうに簡単だ。だがそれは、π（パイ／円周率）のような新しい数学の発展によってできるようになったことだ。

πは特別な数で、円の面積や体積を求めるときに使われる。アルキメデスがしたように、丸みのある図形の体積について考える場合にも便利だ。しかし、ギリシャ人はπが何であるかを知らなかった。πで表されるような数が存在することは考えついたが、その数の大きさを正確に理解していたわけではなかった。ここでもアルキメデスはめざましい発見をする。計算の全容は解明されていないが、彼は96角形を用いて円周率の近似値を求め、πは3と$\frac{10}{71}$から3と$\frac{1}{7}$のあいだにあるという結果を導いた。つまり3・1408と3・1428のあいだのどこか。のちに計算された円周率の値が3・1415……と続くことを考えると、これはなかなかの精度だ。

アルキメデス以降、ギリシャの数学はさほど発展しなかった。彼らが用いた数が正の整数とその比に限定されていたことを考慮すれば、ギリシャ数学の理論はひじょうにうまくできていた。比とは分数である。$\frac{2}{3}$は単純に2対3という比を表している。ただ、彼らはこれをかなり面倒な方法で表したため、$\frac{2}{3}$とは書かれなかった。しかも、ギリシャ数学は数式を使わなかった。証明は、アルキメデスによる体積に関するものもふくめ、すべて図形からなっていた。これらの問題は、現代でははるかに解きやすい。しかしそのやり方、つまり数学における証明の活用は、ひとえにギリシャ人の功績と言える。ピタゴラス、エウクレイデス、アルキメデス、その他大勢の人々が、数学を永遠に変えたのだ。

古代中国の数学オタク

ここまで見てきたところでは、異なる文化でも発展の方向性がかなりよく似ている。メソポタミアとエジプトでは早い時期から数をあつかっていた。彼らが文字を持ったとき、最初に書いたのもおそらく数字だったのではないだろうか。この2つの地域とギリシャでは数学ができる者の地位が高く、その仕事の大部分は実際の問題に一般的な手法で対応することだった。一方中国では、早い段階からまったく状況がちがっていた。

中国の人々は、事務的な理由から文字を書きはじめたのではないようだ。物資とその数量を記した長い一覧表のようなものは見つかっていない。古代中国で重要視されたのは占い（卜占《ぼくせん》）である。動物の骨に刻まれ、占い師（卜者《ぼくしゃ》）が読みとった模様が、初期の文字の原型となった。数学はある時点で用いられるようにはなったが、影響力はまったくなかった。このため、古代中国での数学について解明されていることは多くない。暦の作成と行政事務のために計算が取り入れられたのも、紀元前１０００年ごろとかなり遅い。

計算には、２つの数の体系が使われた。１つめは、ふつうの会話に出てくるような数を表す言葉（数詞）だ。とてもわかりやすく、現代でも変わらず使われているかたちだ。たとえば「３５４」という数は、「三百五十四」と口に出され、そのとおりに表記される。２つめの体系は数を記述するためのもので、まさに画期的な方法だ。最初は竹を棒状に割ったもの（算木《さんぎ》）を使っていたが、のちにこれが線を組み合わせた記号に置き換えられた（次ページ上段の図）。「１」から「９」までには決まった並べ方があり、位（桁）が変わっても、やはり「１」から「０」までを順番に繰り返して数を表す。この点は１つめの体系と共通している。

数字を表す記号の書き方には2通りあった。図の上側では線が横に、下側では縦に並んでいる。この2種類の表し方を使うと、「０（ゼロ）」がふくまれた数を示すことができる。「５０６」と「56」は明らかにちがう数だが、「０」がなければ見た目は同じだ。メソポタミアとエジプトの人々には、これを区別する記述ができなかった。10の位がない（０であ

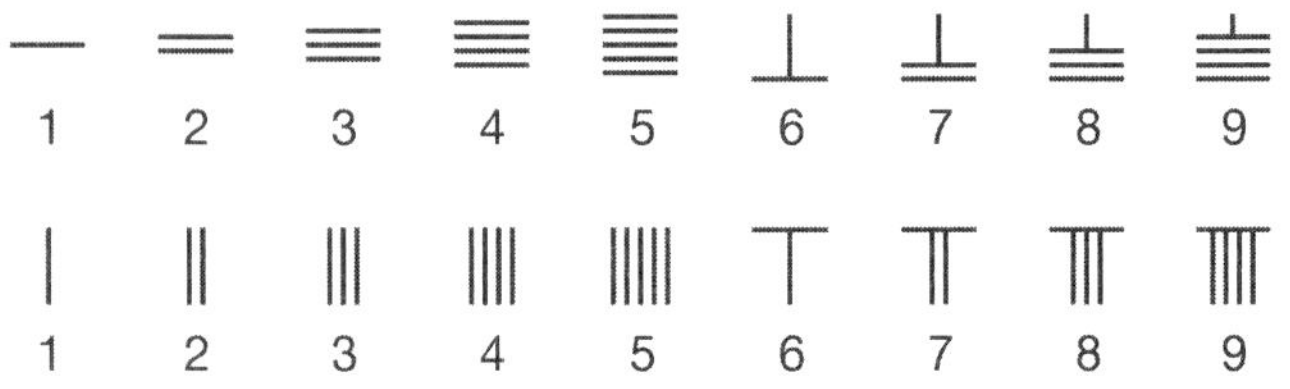

2通りの向き（横式、縦式）で表現した中国の数字

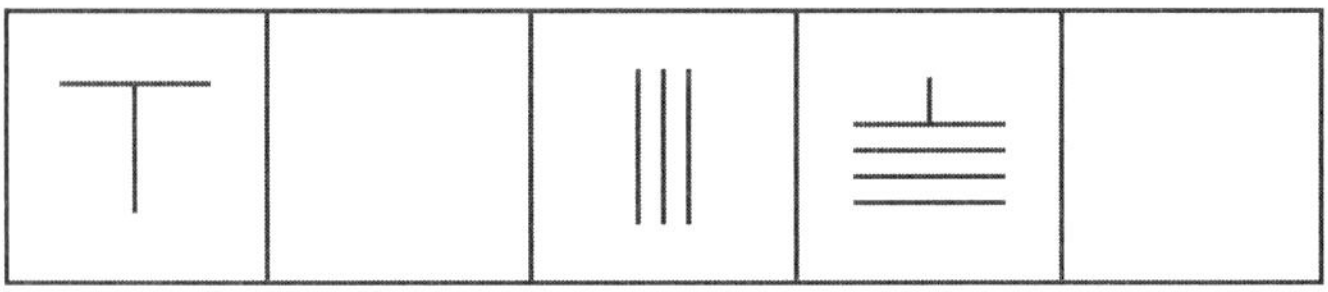
古代中国の記数法で表した60390

る）ことを示す方法は言うに及ばず、「0」を表現する方法がなかったからだ。中国人は歴史上はじめてこれを可能にした。「60390」という数を彼らの方法で書くと、下段の図のようになる。

数字を横に並べて書くときは、桁によって線の向きを変えた。図の3と9で言えば、3は縦、9は横の線になっている。つまり、この2つの数字は隣同士だとわかる。べつの言い方をすれば、同じ向きの数字が2つ続くなら、そのあいだには線で表現されていない桁があるわけだ。その場所は、あけておくだけで何も書かなかった。なお、「0」を表す記号はまだ登場していなかったので、この方法でも連続する縦線（または横線）の記号2個のあいだに0が何個あるかまでは示せなかった。1個か3個か、それとも5個か、あるいはもっと多いのか。図ではマス目をつけたので見ればわかるが。それでも、この中国式の体系は大きな進歩だった。どんな数でも18個以下の記号を使って表せるようになったからだ。

中国では、このような優れた記数法以外にいくつもの計算法が考え出された。当時の中国人は、今日のようなやり方で、かけ算の答えを出すことができた。たとえば81×81を計算するときは、最初に算木でその数を並べ、順番にかけ算をする。まず80×80、その次に80×1というように、桁ごとに計算しながら足していく方法である。さらにもっと複雑な問題を解く手法も知られており、これは数学書『九章算術』とその注釈本にまとめられた。各章のタイトルからは、紀元1年ごろの中国人がどんな数学を行っていたかがうかがえる。

1　方田《ほうでん》（面積と分数）
2　粟米《ぞくべい》（値段が異なる商品の交換）
3　衰分《すいぶん》（商品と金銭の比例按分《あんぶん》）

4　少広《しょうこう》（長方形の辺・円周の長さ、平方根・立方根）
5　商功《しょうこう》（建設に関係するさまざまな形状のものの体積）
6　均輸《きんゆ》（複雑な比例をあつかう問題——人数に比例した租税の計算など）
7　盈不足《えいふそく》（今日 ax＋b＝0［一次方程式］で表される問題の解法）
8　方程《ほうてい》（正負の数をあつかう連立一次方程式の問題）
9　句股《こうこ》（ピタゴラスの定理の応用）

中国人にとって、数学は抽象的な学問ではなかった。『九章算術』にはたくさんの問題が収められているが、一般的な定義や証明はどこにも記されていない。肝心なのは解決のための具体的な手順であり、さまざまな例題が示されている。目的は、できるかぎり普遍的な解法を発見することだった。その解法が正しく、かつ十分に普遍的なものであれば、数学の原理として体系化できるかどうかは重要ではなかったのだ。

つまり数学はあくまで実用的であるべきで、数学を学ぶとは、租税や建築物、戦争の遂行などについての問題の解き方を身につけることにほかならなかった。メソポタミアやエジプトでは数学者の社会的地位が高く、いわば管理職としてトップの指導者に直々に仕えていたが、中国での状況はまるでちがっていた。数学者は職人たちが抱える問題を解決するために現場でともに働いており、社会的にはむしろ「オタク」的存在だった。中国の数学が最高潮に達していたときでさえ、数学者たちは文学を勉強した連中に見下されるとこぼしていたほどだ。また、中国の皇帝はメソポタミアの王のように、数学の知識をひけらかすようなことをけっしてしなかっただろう。

だが、中国で数学者が果たしてきた役割はひじょうに大きい。数学がもっとも大きく進展した時期の有名な数学書『数書九章』は、1247年ごろに著されたものだ。同書では2章を割《さ》いて、築城に関係する計算と敵陣までの距離の計算を説いている。当時はモンゴルとの抗争もあり、このような数学の需要はひじょうに高かった。ほかにも掛け売りの制度や築堤工事の決まりごとなど、日常生活に役立つ問題も収められている。また「実用にならない」ことや、むだに複雑な問題にも解法が示されている。とてつもなく高度な問題もあり、たとえば1247年の中国では知られていた解法がヨーロッパで発見されるのは、1819年になってからのことである。

このように中国でも、数学は組織編成や事務の問題を解決するためのきわめて実用的なものと位置づけられていた。ただし、メソポタミアやエジプトとはちがい、中国では抽象的な証明の代わりに普遍的な解法が求められた。また定義や原理を突き詰めるのではなく、具体的な例を検討することが重んじられた。数学のあつかい方は異なっていたが、数学を行う理由は共通していたわけだ。ここで前章の終わりの問いに立ち返ってみよう。数学が必要になる理由は何だろう。

その答えは、とても単純だ。数学を使えば、都市やある程度以上の大きさの社会集団の事務処理が簡単になる。課税・徴税は数を用いなくてもできるが、かなり込み入った仕事になるため、実質的には数学なしには無理だ。集落の規模が大きくなり、交易がさかんになれば、どこでも数学が発展しはじめる。都市の計画、建物の設計、食料備蓄の管理、兵器の製造。いまではすべてに数学が用いられている。数学がないころでも生まれつきの才能にたよってやってはこられたが、いっそう効率よく正確に進めるためには数学が必要なのだ。

そこに到達する道のりは1つだけではない。各地の人々は独自の記数法を持っていた。このなかには、エジプト式の「$\frac{1}{2}$」のようになかなか便利なものもあれば、同じエジプト式でも「$\frac{5}{7}$」の表し方のようにあつかいにくいものもあった。ギリシャ人は抽象性を重んじ、中国人は具体的な例を踏まえて考えた。このようにアプローチにちがいはあっても、行き着くところは同じだった。エジプト人は効率よくパンを切り分け、給料として支払うことができたし、立場のちがいに準じた給料をきちんと計算することもできた。たとえば神殿の長の給料は、いちばん下っ端の労働者のちょうど30倍。こんな事務処理は数字を使うほうが断然楽だ。

第1章ですでにふれたように、数学を使うと問題が簡単になる。そして、数学を使うからこそ実際に問題が解決できることもある。都市国家や王国では組織が複雑になり、数学がなければ監督が行き届かない。

だが、規模の大きな文化で発達した高度な数学、あの込み入った計算には、それに取り組んだ人の力量を示す以上の意味はない。では、この種の複雑な数学がいつか役に立つことはあるのだろうか。数のあつかいや測量の範囲を超えて、さらに数学を突き詰める理由とは何か。また、高度な数学は日常生活にどんな影響を及ぼしているのだろうか。それについては、次の章で見ていこう。

5

変化は続く

——「明日は晴れ」の予報を信じるべきか？

いま、高速道路を走っていると想像してみよう。視界は両側とも木で遮《さえぎ》られ、そのあいだをまっすぐな道がずっと続く。まわりの車は一定の速度を守って走っているので、クルーズコントロールをオンにしても大丈夫だ。すると、コンピューターがいろいろな計算を始める。現在の走行速度、設定した速度との差、加速・減速の判断など。高級車なら、車線内を安全に走行しているかもモニターし、車線の両側のラインと車両との距離を検出して、車線の中央を走るようにステアリングを制御する。ハンドル操作の修正量も計算で決まる。

なぜそんなにたくさんの計算が必要なのだろう。人間だったら計算などしなくても、すべて1人でこなせる。スピードは車の流れに合わせて速度計を見ながら調整すればいいし、車線をはみ出さずに走行することも、ふつうはできるはずだ。

じつは、クルーズコントロールでもやっていることは同じだ。ただし、コンピューターはハンドルの手ごたえを感じたり、周囲の交通状況を目で見て確認したりはできないので、すべて計算して数値に変換しなければならない。自動車の速度や車間距離など、つねに変化するプロセスを計算して確かめる方法を考え出すのは簡単ではなかった。だが、ここでもそのような計算を可能にする数学が発見され、いまやクルーズコントロールだけでなく、自動運転車でも活用されている。

クルーズコントロールとアルキメデス

今日自動車でクルーズコントロールが使えるのは、ある数学的大発見のおかげだ。それはアイザック・ニュートンの功績――イギリス人に言わせれば、そういうことになっている。しかし同じころ、ドイツではゴットフリート・ヴィルヘルム・ライプニッツという数学者が活躍しており、ニュートンと同じことを考え出していた。彼らが発見したことの意味と、当時の人々の称賛がどれほどのものかを説明するために、まず古代ギリシャに戻り、球と円柱、円錐の体積に関するアルキメデスの発見について見ていこう。

アルキメデスはこれら3つの立体の体積の関係を証明しようとした。球の体積の公式を覚えているだろうか。球の体積は次の式で求められる。

$\frac{4}{3}\pi r^3$

あと2つ、円柱と円錐の体積を求める式も必要だ。円柱の体積は［円の面積］×［高さ］なので、$\pi r^2 \times 2r = 2\pi r^3$となる。残る円錐の体積は$\frac{2}{3}\pi r^3$だ。$\pi r^3$が完全に理解できなくても問題ない。ここで注目してほしいのは、この3つの公式で、アルキメデスが取り組んだ体積の関係にたちまち答えが出ることだ。球の体積が円錐の何倍かは、4/3を2/3で割ればよい。つまり2倍だ。では、円柱から球を取り出すとき、球の体積は円柱の何倍か。今度は4/3を2で割る。したがって円柱の体積の2/3が球の体積となる。ギリシャ数学の最高峰と言える問題だが、この3つの公式を知ってさえいれば簡単だ。

なぜ、ギリシャ人の数学者たちはそこに思いいたらなかったのだろう。1つめの理由は、古代ギリシャでは今日πとして示される値（円周率）がまだ知られていなかったことだ。2つめの、より重要な理由は、この公式を発見するためには無理数（2つの整数の比で表せない数）をあつかわなければならないことだ。古代ギリシャ人は、有理数（2つの整数の比で表せる数）で表せない数の存在を受け入れられなかった。彼らにとっての数とは自然数とその比（分数）だけであり、無限に続く数は想定していなかった。この意味は大きい。すべての数が、整数または分数として表せるわけではないからだ。たとえば、πは分数では表せない。現代では小数点以下に数字を並べて表記できるが、際限なく続くという弱点がある。円周率は３・１４１５…と、無限に展開する。

ギリシャ人は、すべての数が整数または分数として書き表せるわけではないことを知っていた。もっとも、自然数での表現にこだわるあまり、ギリシャ人による無理数のあつかいは現代とはまったく異なっていた。彼らは、同じ尺度では測れないものがあると考えた。何かの長さが$\sqrt{2}$センチメートルというとき、それをセンチメートルの単位で測ってはいけない。自然数で表現できる長さになるように、センチメートル以外の単位を選ぶべきだという。次ページの図のような直角二等辺三角形の場合、斜辺の長さは$\sqrt{2}$になるが、これをギリシャ人は「３辺とも同じ尺度で測ることはできない」と表現したわけだ。

ギリシャ人は、球の体積は$\frac{4}{3}\pi r^3$で求められるとは言わなかっただろう。この公式は、πが計算できる数であることを前提にしているからだ。十進数での小数の計算に本格的に取り組んだ最初の数学者は、フランドル（現ベルギー）のブリュージュ出身のシモン・ステヴィンである。インドや中東に早くからあった小数の考え方は、彼の著書を通じてヨー

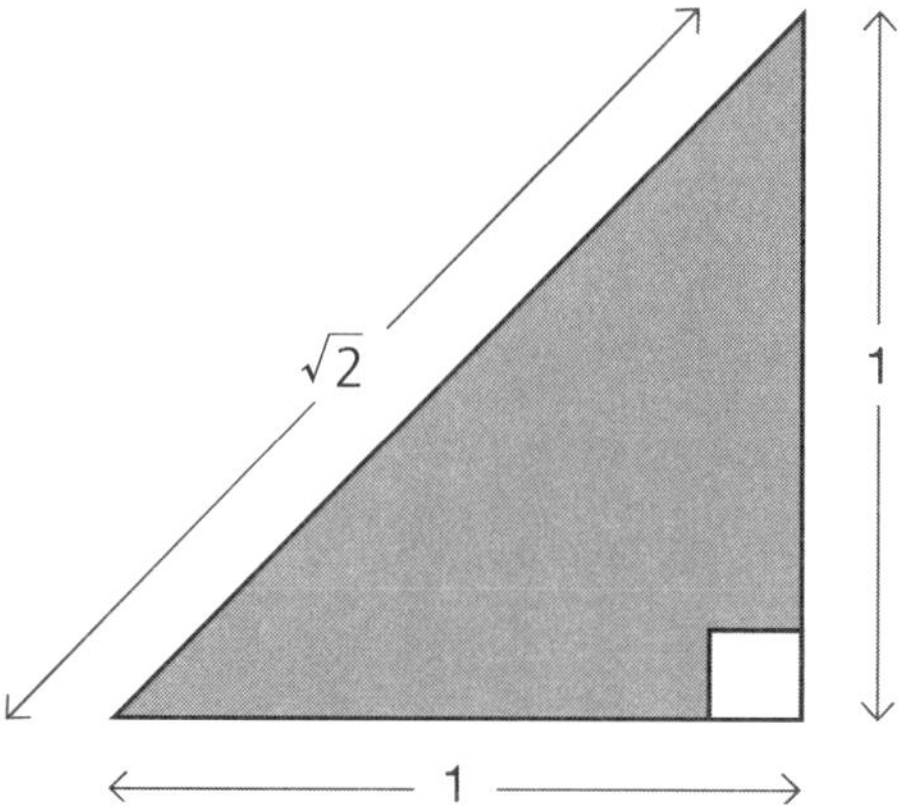

ギリシャ人を困らせた三角形

ロッパに普及した。この結果もたらされた大きな進歩は、端数を「1人前の数」とみなすようになったことだ。小数点以下にも数字を並べられるので、たとえば1/5を0・2と表せるようになった。ステヴィンは、16世紀の終わりにこれらの変化を次の定義にまとめている。いわく「数とは、事物の量を表すものである」。彼はすべての数は1つの尺度で表現できると考え、πや$\sqrt{2}$といった数が存在することも認めるべきだとした。これは当時にしてみれば大胆な考え方だったが、πなど無限に続く数は厳密に表せないという問題があった。分数の場合、たとえば1/3なら、小数に直すといつまでも3が続くが、ともかく0・

3333…と書くことはできる。πとのもっとも大きなちがいは、小数点以下の数を予測できることだ。1/3の小数部は3が繰り返されるが、πの小数展開はそのように同じ数字が循環するかたちではない。

とはいえ、今日πの存在におどろく人はいないだろう。では0.999…=1はどうか。ありえない? 1/3を小数に直せば0・333…となることに異論はないはずだ。ここで、それぞれを3倍してみよう。$\frac{1}{3}\times3=1$、また0.333…×3=0.999…。これより、1=0.999…となる。

どこまでも続くとはめまいがしそうだが、クルーズコントロールにはこの性質が欠かせない。πのように小数点以下の数字が無限に続く数がなければ、連続的に変化する量はあつかえないからだ。そのような数を無視すると、たとえば自動車の発進加速を計算できるだけの数値がそろわない。自動車のスピードは、時速100キロから一足飛びに101キロになるわけではない。100キロが100・1415…キロ、100・5キロと徐々に変化して101キロに到達する(なお、100・1415…は小数点以下に無限に数字が続く数だ)。この変化を表せる数がなければ、自動車のすべてのスピードを時速で測定するのは無理で、これは$\sqrt{2}$がなりれば先の三角形で3辺の長さをセンチメートルでは測れないのと同じことだ。

ニュートン対ライプニッツ

アルキメデスが想定していた数は、体積を正確にとらえるには不十分だった。すべてを同じ尺度の単位で測れないとしたことも障害になり、研究は進まなかった。体積や変化する量の計算が可能になるのは、数学者が整数と分数以外の数の存在を受け入れてからのことだ。このような計算は、ニュートンとライプニッツがはじめて行った。１６６０年から１６９０年にかけて、両者はそれぞれに新しい数学の分野を開発する。今日では微分積分法と呼ばれるものだ。おおざっぱに言えば、微分は変化する割合を求め、積分は一定時間経過後に変化した量を求める。

ただ、同じ時期に同じことを思いついたのは、どちらにとっても信じがたいことで、それが事件につながった。２人の数学者が画期的な独自の理論を提唱したところ、内容的にほぼ同じだった。栄誉を授けられるのはどちらか。そもそもだれが先に発表したのか。これは微妙な問題だ。ニュートンはイギリス人、ライプニッツはドイツ人だったことも大きい。当時の英独関係は良好とは言えず、数学上の大発見は国の威信をかけた争いに発展した。

きっかけは、ライプニッツが変化量を計算する新しい手法を１６８４年に発表したことだ。この発見は数学界の注目を浴び、「ライプニッツの」数学をさらに発展させようという数学者のグループが誕生した。１６９３年には、ライプニッツは微分積分法に関する一般向けのはじめての解説書を刊行する一方で、ニュートンは研究の成果をほとんど公表しなかった。ニュートンが新しい数学的手法を発見したことは内輪では知られていたものの、その計算法を正確に理解していた者はいなかった。ニュートンは発見の内容をひたすら秘密にし、本人以外はだれもその計算をあつかえないようにしていた。

それなのに、ライプニッツがいきなり自分が発見したものと同じ数学を発表し、しかもそこに自分の研究への言及はいっさいない――ニュートンが腹を立てたのも無理はなかった。じつはニュートンは、ライプニッツに手紙を送り、自分の発見について説明していたからだ。１６７６年のことで、説明はアナグラム（言葉のつづり変え）の暗号で書かれていた。当時、手紙ではよくアナグラムが使われた。たとえばガリレオもケプラーに宛ててアナグラムの手紙を送っている。土星に衛星を見つけたことを伝える内容だったが、この解読は生やさしいものではなく、ケプラーは結局「火星には衛星が2つある」と誤読してしまったほどだ。

ニュートンがライプニッツに手紙を出したことは、「ニュートンの」数学が盗用された証拠となった。実際にニュートンは、ライプニッツが発表した「自分の」数学が世に受け入れられていくのを目の当たりにし、弟子たちにライプニッツをこき下ろすよう指示した。

こうして、科学史上最悪とも言える泥仕合の幕が切って落とされた。この種のいざこざには慣れていたはずの同時代の研究者さえもおどろくような激しい応酬だった。その後何年も、両陣営の支持者は互いの敵を侮辱する内容の冊子を刊行し続けた。ライプニッツは、自分は独力で新しい計算法を確立したとして、王立協会《ロイヤル・ソサイエティ》に判断を仰ぎたい旨の書簡をある時点で送った。これを受け、王立協会は独立調査委員会を設置する。当時もっとも名高い科学学会として、2人の数学者のどちらが第一発見者であるかを決めるためだ。

ただし、この「独立」は名ばかりだった。ニュートンはこの時期、王立協会の会長の地位にあり、正式な委員会で独立した調査を進めるとしたが、実際には何も行われなかった。委員会の報告書はニュートンが秘密裏に自分で執筆したもので、もちろんすべてを考案したのはニュートンであり、ライプニッツは剽窃《ひょうせつ》をはたらいたうえに自らの敗北を認められないけしからぬ人間だと記されていた。なお、ニュートンが自分の立場を守るためにどのような手段を講じたかが明らかになったのは、この一件から133年後のことである。

当然ながら、報告書は何の解決ももたらさなかった。ライプニッツは王立協会の報告書に「匿名」で反論し、自らの名声を守ろうとした。敵意をむき出しにした意地の張り合いは、1716年にライプニッツが死んだあともしばらく続いたのだった。さて、どちらの主張が正しかったのか。今日では、微積分の最初の発見者はニュートンであると結論づけられている。ニュートンがこの手法を発見したのは1665年だが、このころライプニッツは20歳そこそこの若者で、数学の本格的な研究にはまだ着手していなかった。だが、ライプニッツはニュートンの考えを盗みとったわけではない。運悪く数年遅れで同じことを考えついたにすぎない。

微積分で速度を出す

ニュートンとライプニッツの発見がひじょうに重要なものであることは、だれの目にも明らかだった。だからこそ、この新しい数学をめぐる論争が繰り広げられたのだ。彼らが発見したのは、「どれだけ速く変化するか」と「どれだけ変化したか」を計算する方法だ。それまでは、変化しないものしか計算できなかった。数えられるのは連続的に変化しないものだけ、測れるのはずっと同じで、変わらないものだけだったのだ。ニュートンとライプニッツが導入した無限の概念と新しい数によって、この状況が変わった。

変化の速度の計算は、さまざまな場面で行われている。クルーズコントロールではアクセルの制御が計算され、自動運転では軌道修正の範囲も計算される。エスプレッソ1杯分の水を適温に沸かすためにヒーターの設定温度が計算されるコーヒーメーカーもある。また病院でも、たとえば腫瘍《しゅよう》が大きくなるスピードを割り出すときにこの計算が使われる。

どんな場合でも、変化に注目するわけだ。「何の」変化かはあまり関係ない。必要な数学は同じだからだ。ここではなるべく単純な例で説明してみよう。たとえば、スピード違反の取り締まり。このとき、走行する車の速度はどうすればわかるのだろう。

いちばん簡単なのは、一定の区間を設定して速度を求めることだ。必要な警察官は2人。1人は測定区間の起点に立って車両が通過した時刻を記録し、もう1人は1キロ先の地点で同じように車両が通過した時刻を記録する。そしてこの2つの時刻から、車両が区間の起点を通過したときの速度を出すわけだが、そのためには車両がその区間の走行に要した時間も計算する必要がある。車両が時速１２０キロで起点を通過したとすると、区間を走行するには30秒かかる。つまり区間の起点と終点の通過時刻の差が30秒であれば、その車両は時速１２０キロで走行していたことになる。

本当にそうだろうか。この方法だと、制限速度が時速１２０キロのところを１４０キロで走っていたドライバーは、起点で１４０キロでも、区間の１キロを30秒かけて走り、終点を１００キロで通過すれば、計算上の起点の時速は１２０キロになってしまう。

このような事態を防ぎ、スピード違反を取り締まるには、通過時刻を記録する区間を短くすればよい。半分の０・５キロになれば、時速１２０キロで走行中のドライバーが減速する時間は15秒しかない。このようにして区間距離を短くしていけば、起点通過速度の計算精度は上がっていく。実際には、ミリ秒（１０００分の１秒）の単位で自動車の速度が大きく変化することはないので、区間距離を短くするにも限界はある。道路沿いに設置されている速度表示板はかなり正確だが、それはこの計算を１メートル程度のごく短い距離で行っているからだ。

では、車両が区間の起点を通過するときの正確な速度を知りたい場合はどうだろう。速度表示板の計算で生じるわずかな誤差でさえ許されないとしたらどうするか。計算の精度をさらに上げるには、距離をもっと短くする必要がある。ここまで来れば、「無限」の概念も近い。区間を無限に小さくすることで、無限に精度を上げられる、つまり正確な結果が得られるというわけだ。これをはじめて考え出したのが、ニュートンとライプニッツだった。

ニュートンとライプニッツは区間の距離ではなく線を想定し、その線上を点が移動する速度について考えた。次ページの図の曲線を見てみよう。グラフの曲線の傾きが大きいほど、点が移動する速度が速いことを示す。ここで、下側の点が曲線上を右方向に移動する速度を知りたいとする。このとき、下側の点とその右側にある点の位置をそれぞれ測り、その差の比をとれば、下側の点が移動する速度がわかる。ただし、これはグラフから読みとれる情報とは一致しない。点が移動を始めた直後の速度は、計算で出した値よりもずっと遅い。それが少し右側に進むとスピードアップして、自動車で加速したような具合になる。

ニュートンとライプニッツによる解決法はこうだ。曲線上の右側の点を左にずらし、2点間の変化量を次第に小さくしていく。こうして距離が狭まると、2点を結ぶ直線の傾きが小さくなり、誤差が少なくなる。つまり、2点間の距離をかぎりなく小さくすると、2

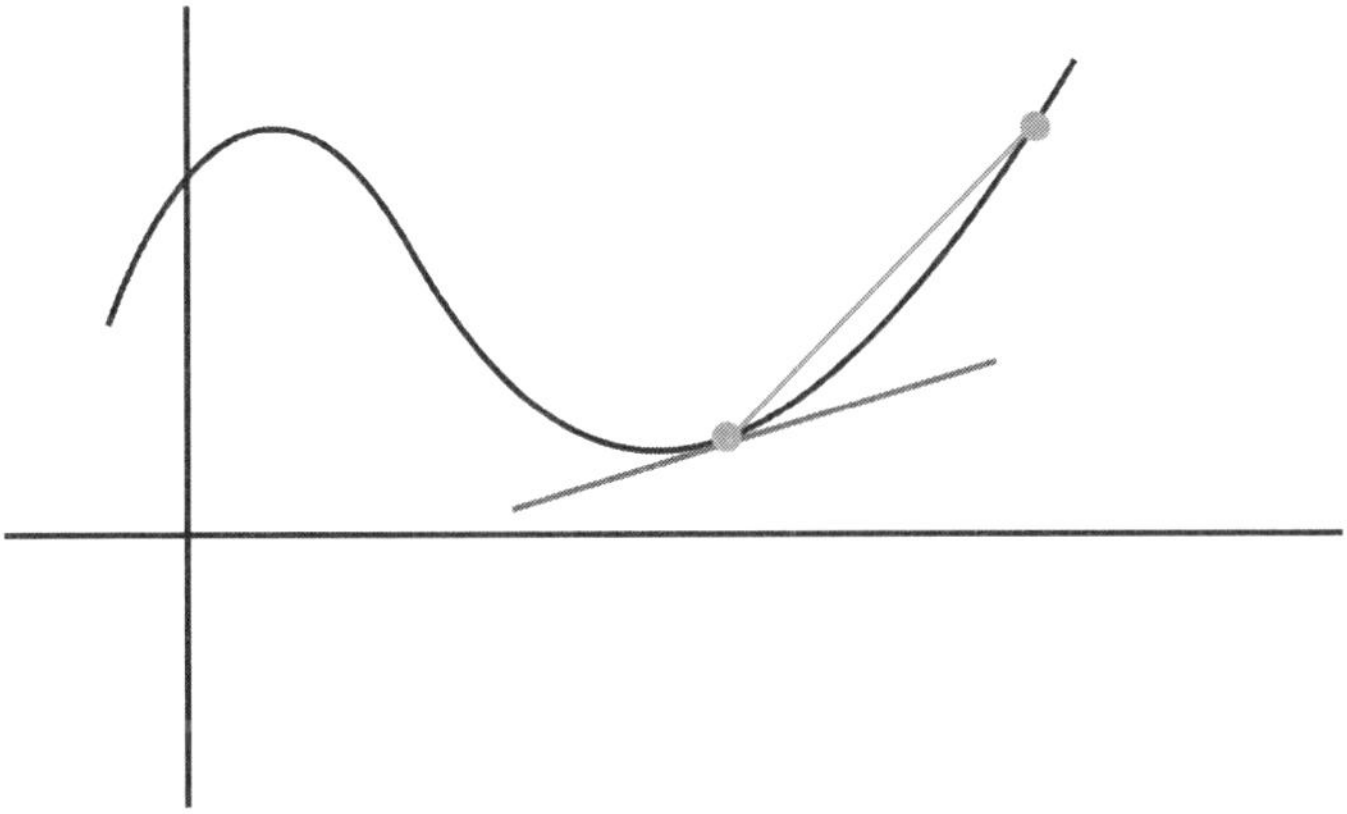

下側の点が曲線上を右に移動する速度を示したグラフ

点を結ぶ直線はグラフの下側の直線、つまり下側の点における接線に近づいていく。しかし、これを計算するには、「かぎりなく小さいもの」を用いなければならない。

ニュートンとライプニッツもこの点で苦心した。計算を表記する方法が編み出されるまでには、何百年もの時間を要したほどだ。「かぎりなく小さい数」は「0」と同じではないのだろうか。0秒間の速度はいったいどうやって測るのか。走行時間が0秒なら、車は停止しているはずだ。線についても同じことが言える。図に示されているように、離れた2点を結ぶ直線は簡単に引ける。だがこの2点の距離が「かぎりなく小さく」なるとすればどうだろう。そんな2点を結ぶ直線は引けないのではないか。

このあたりは想像が難しい。数学者でも「かぎりなく小さい数」の意義を理解するのに長い時間がかかったが、彼らはわからないままに計算を続けていた。それで問題が解決できたからだ。しかし「なぜ」解決できるのかは、だれもわかっていなかった。「かぎりなく小さい数」と0の区別が明確でなかったためだ。先に見たように、0・999…と1はイコールでつなぐことができるなら、0・000…と0もイコールでつなげるのではないか。

「無限」の概念は無視しようと提案する数学者も現れた。きちんと理解するには難しすぎるし、実際の計算では、その場合の最小の数を想定しているのだからというわけだ。つねに最小の距離を用いることができるなら、この考え方で問題ない。誤差がわかれば、さらに正確な測定をすればいいからだ。この説明はかなり理屈っぽいと思うかもしれないが、心配はいらない。細かいところはあまり重要ではない。区間の幅を狭くしていくと、起点通過時の速度がより正確にわかるようになるという考え方が理解できれば大丈夫だ。

古代ギリシャ人は、このことが理解できなかった。数の種類が不足していたし、無限の概念が非論理的だと考えられていたせいだ。もっとも、無限と折り合えないところは、現代にも多少受け継がれているのかもしれない。このような計算から微分のしくみを理解するのは、いまでもやっかいだからだ。

衝突事故を防ぐための微積分

残念ながら、微分（ある状態が変化する速度）より積分（ある状態の変化量）のほうが理解しやすいというわけでもない。積分とは、変化した量をできるかぎり取りこぼしなく足し合わせることだ。しばらく成長を続けた腫瘍の大きさを知りたい。こんな場合には積分を使う。変化量の合計を求める場面では、かならず積分が用いられる。たとえば自動車メーカーでは、積分を利用して、事故の際に車内の人間へのダメージが最小限となるような設計をしている。ここでも「小さく分ける」という考え方を使うが、積分で求めたいのは細かく区切った部分をすべて集めた合計である。今度は、自動車メーカーで、自動車の安全性を高める仕事をしていると想定しよう。もちろん、実際の車でテストをし、車両を解体して調べるのも1つの手だが、数学を使うほうがコストはかなり抑えられる。

自動車の衝突事故が発生したときに傷害のリスクがとくに大きいのは、車内にいる人間の頭部だ。頭が前後に大きくゆさぶられる時間が長いほど、危険度が高いとみなされる。したがって頭がゆれる速度が重要になるが、これはまず微分を使って算出する。衝突の瞬間を細かく分けて、それぞれの時点で頭部がどのくらい激しく動いているかを見ていく。最初は前方に勢いよくゆれる。そこで（願わくば）エアバッグが作動し、ドライバーもブレーキを踏む。すると今度は後方にゆさぶられてヘッドレストにぶつかり、続いてまた前方へ動く。

自動車メーカーに勤める数学者なら、細かく分けた瞬間ごとに頭部がゆれる速度の計算から始めるだろう。この時点では、まだその衝突がどれほど危険かは明らかではない。わかっているのは速度だけだ。頭部が速いスピードでゆさぶられるのはもちろん危険だが、じつは前後に激しくゆれる時間が長いほうが危険なのだ。すばやく身体を1回転させてもたいしたことはないが、20回転ともなると目が回ってどうしようもなくなるのと同じだ。

だから、衝突の際に頭部がゆさぶられる速度の値を足し合わせる。つまり、積分だ。ここで数学者が横着をしたければ、速度の値は1つですませるだろう。たとえば最大値に衝突の経過時間の長さをかけても予測は得られるが、これは衝突の瞬間ごとに出した速度を合計した予測ほど正確ではない。計算上ダメージが最大になるため、車両の安全性が実際よりもかなり低く見積もられるからだ。スピード違反の取り締まりの例と同じで、変化を見る区間の幅が広すぎると、実際とは異なる状況を示唆する数値が出てしまう。

問題が同じなら解決法も同じだ。より細かく分けたものをひとまとめにして分析し、計算の精度を上げればよい。無限に細かく分けたものを足し合わせることで、頭部がどれだけ前後にゆさぶられるか、つまりその衝突の危険性が正確に把握できる。自動車メーカーでは、車両安全性の予測に、いまでもこのような計算を用いている。もちろん実物によるテストも行われるが、数学的に処理するほうが手軽で確実だ。スクラップにする車両の数が少なくてすむうえ、安全性に関するスコアの確定までにかかる時間も短縮される。計算でスコアが出れば、脳しんとうの危険があるのはどんな場合かといった検討も可能だ。このように、積分は安全のためにも役立っている。

中学・高校の数学の記憶から、積分は面積や体積に関係があるものだと思っているかもしれない。たしかに、アルキメデスの定理の球・円柱・円錐に関する公式は積分の授業でも出てきた。テクニックとしては同じだが、面積や体積の場合は「変化」をとらえづらく、自分で工夫する必要がある。次ページの図に面積の求め方を示した。細長い長方形の面積を合計する方法だが、この長方形の横幅を次第に細くしていくと、面積の和は曲線の下側

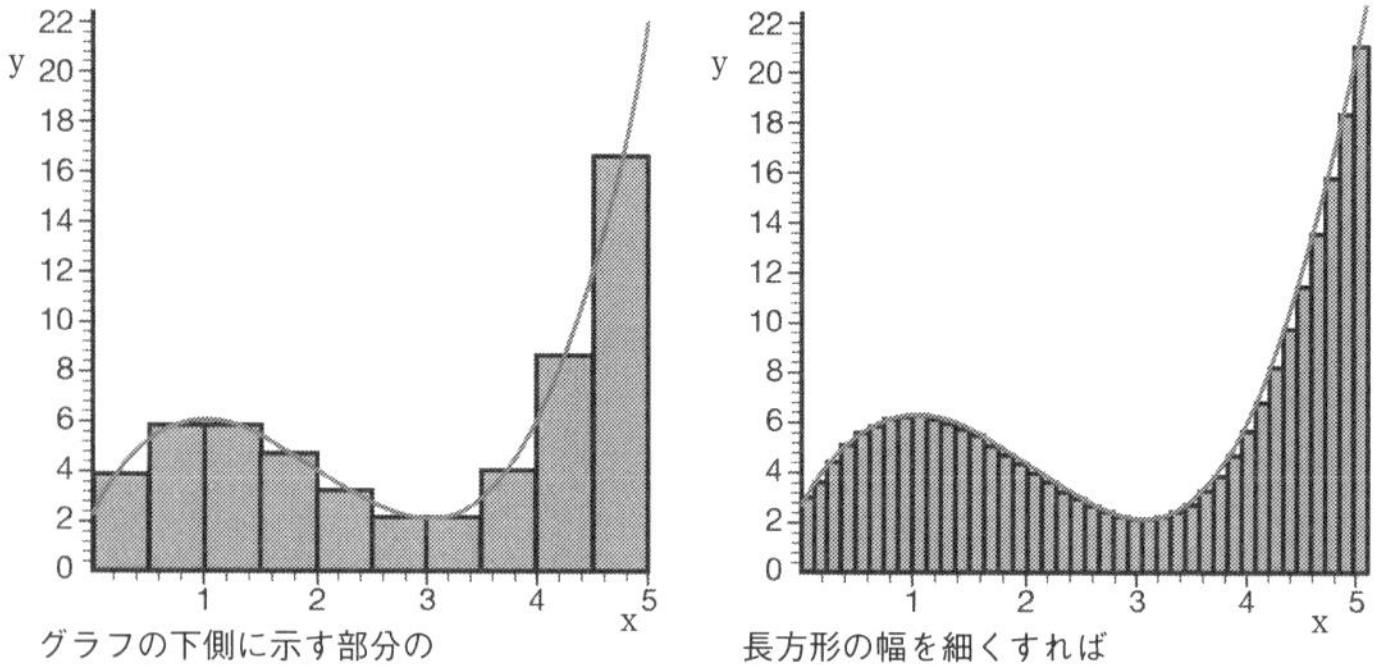

グラフの下側に示す部分の
おおまかな面積の計算

長方形の幅を細くすれば
計算の精度は向上する

面積の求め方

の面積に近づく。とはいえ、この図では「変化」がわかりづらい。

いま、この2つのグラフが地面に並べて置かれていて、曲線の下側に相当する土地の面積を求めるとする。もし長方形の土地であれば、「縦×横」だが、曲線に囲まれた土地でもこの簡単な方法で計算できないだろうか。そこで、曲線にできるだけ一致するように全体をいくつもの細い長方形に分けてみる。

右側のグラフのように幅の細い長方形を曲線に沿って並べると、その面積はやはり「縦×横」の計算で求められる。そして、ひとつひとつ順番に計算したものを合計すれば、もとの図形の面積が得られる。したがってこの場合の「変化」とは、並んだ長方形に沿って曲線上を移動することであり、曲線上のある点からある点まで座標が移動した量が変化量となる。ここで図形を分ける長方形の幅を次第に細くしていくと、変化量の合計は図形の面積に近づく。

衝突危険度の計算も、面積の計算とみなすことができる。x軸に経過時間、y軸に頭部がゆさぶられる速度をとると、曲線の下側に並んだ長方形は頭部のゆれを表している。したがって、それを足し合わせた結果は、衝突時に頭部がどれだけ前後にゆれたかの合計となる。

天気予報の信頼性

「明日はよいお天気になるでしょう」は、本当だろうか？　天気予報が当たらないというのは、以前は常識だった。しかし、天気予報に微積分が使われるようになってからは変わってきている。大型コンピューターで計算が処理できるようになったおかげで、天気予報の精度は飛躍的に向上した。1970年代の予報と比べればおどろくほどの正確さだ。

数値計算に基づく予測が取り入れられるまで、天気予報の手順はシンプルだった。

（1）窓の外を見て、雲の様子や温度などを観察する。
（2）今日と同じ天気の日を過去の記録から探す。
（3）過去に同じ天気だった日の翌日の天気の記録が、明日の天気予報となる。

この予報では、今日の天気は昔のある日の天気とまったく同じで、明日以降も過去の記録と同じように推移することを前提にしている。だが雲の様子と温度だけを考えてみても、まったく同じ日があるとは考えにくい。天気はもっと複雑なものだし、これでは予報がなかなか当たらないのも無理はなかった。

天気についても「計算して予測する」ことはもちろん可能だ。気象、つまり大気の状態の変化は、微積分を使うととらえやすい。第一次世界大戦のさなか、イギリスの数学者ルイス・リチャードソンは、計算に基づく天気予報を思いつき、過去のデータから、ある日の6時間後の天気を予測してみることにした。もっともこの計算には6週間もかかり、試みは失敗に終わった。

計算で予報を出すのは、昔も今もかなり難しい。リチャードソンの場合は、時間がかかったばかりか、いくつも誤りがあった。天気には変化する要素がとても多い。大気は移動し、気温や湿度など、さまざまな数値に影響を及ぼす。高気圧と低気圧の位置関係やその動きも、大気圏のほぼ全体にわたって把握しておく必要がある。ほんの小さな変化でも、大きなちがいにつながるからだ。

変化するものがあまりにも多いため、的中率１００パーセントの天気予報はまだ実現していない。巨大なスーパーコンピューターを使っても、確実な予報を提供できる計算スピードは達成できないのだ。そこで、天気予報ではすべてを正確に知ることはあきらめ、中間をとることにした。コンピューターは、大気をある面積、たとえばヨーロッパの広域予報なら10キロメートル四方に区切った範囲内の天気は同じとみなして処理を行う。計算量が膨大になるので、区画はこれよりも小さくできない。このため天気予報には厳密でないところもあるが、それでもこの方法で予報を行うようになって以来、信頼性は大きく向上した。

さて、「明日は晴れ」の予報を信じるべきか。答えはイエスだ。１００パーセント正確な予測はできないにしても、天気予報の精度はかなりのものだ。区画ごとに天気がどう変化していくかは、コンピューターが計算する。大気が移動する速度は微分で、一定時間経過後の変化量については積分を用いて解析する。天気予報は数学のおかげで格段に正確になった。実際、翌日の予報はほぼかならず的中、翌週の予報でも8割から9割程度は当たるようになっている。微積分はこんなところでも役に立っているのだ。

微積分で橋をかける

変化するのは天気だけではない。ほかのもの、たとえば建物も絶えず変化している。見てわかるものではないが、外部から受ける風の力や建物内にいる人間の重さなどでつねに負荷がかかっている。重力で下向きに引っぱられているにもかかわらず倒れないのは、それに耐えられるように建てられているからだ。

建築は、長らく勘がたよりの技術だったが、20世紀初頭には科学の理論としての性格が強まった。ゴールデンゲート・ブリッジは、全長約2700メートル、ケーブルに使用されているワイヤーの長さは12万9000キロメートルにも及び、1937年の完成時は世界一の長さを誇っていた。圧倒的な大きさの橋はどうやって造られたのだろう。強風による橋の崩落を防いだり、中央部が重すぎてたわんだりしないようにするために、何をした

鋼材の置き方によるたわみの程度のちがい

のか。そこには計算に基づく工夫があった。

橋の崩落危険度を計算する際に用いられる物理学は、微積分がベースになっている。中心となるのは鋼材のたわみだ。ゴールデンゲート・ブリッジは鋼鉄の塔が大部分の重さを支える構造になっているが、鋼材に生じるたわみの程度は計算で求められる。形状の変化の計算には微分が、さらに全体でどの程度たわむかは、積分が用いられる。なお、この計算では鋼材の向きをはじめ、さまざまな条件を考慮しなければならない。上図に示したが、鋼材を横に寝かせて置くと、そのたわみは立てて渡した場合よりもかなり大きくなる。

まえもって計算ができれば、せっかくか

けた橋が崩落するような失態は防げる。橋にかぎらず、大きく複雑な建物を建てるときには数学が欠かせない。構造物の安全性は計算で確認されるため、それまでだれも見たことがないような建築物も可能になったのだ。

制御しながら変化させる

経済も変化するものの1つだ。経済活動とは、あるところからべつのところへお金が流れ続けている状況だと考えられる。雇用数、求人数、求職者数なども絶えず変動している。なんらかの変化を起こそうと政府が対策を講じることもあるが、その際には政策効果を計算する必要が生じる。たとえば、税率を変更した場合の経済効果はどうか。政府の計画の評価分析は、緻密な計算に基づいている。これには複雑な数理モデルがあり、経済現象を表すいくつもの数式が用いられる。ある変化にともなって何が起こるかを示した式で、ここにも微積分がふくまれている。変化の計算に必要だからだ。

たとえば、ある税制が廃止されると国の税収が変化し、同時に民間の資産も変化する。順当にいけば、そのことで経済にまたべつの影響が及ぶ。変更するものは1つだが、それによってほかのさまざまなことにプラスの効果を期待するわけだ。

このような政策効果の試算は、日常的に目にするものではないが、微積分はもっと身近なところでも使われている。自動車やコーヒーメーカー、空調のサーモスタットなど、かなりありふれたものだ。飛行機のオートパイロットもこの数学がベースになっている。

共通点は「制御しながら変化させる」ことだ。たとえばサーモスタットは、室内の温度を適温に保つが、計算によって加熱と冷却の切り替えを行っている。早朝の室温が16℃だったので、18℃に上げたいとしよう。サーモスタットは室温を2℃上げるために必要な暖房の温度と時間を計算する。現在の室温と目標とする室温の差が縮まる速度、つまり部屋が暖まる速度は、微分を用いて把握する。つまり、室温が上がりすぎて冷房を入れたりしなくてもすむように、微積分を使って調整している。

ほかのものでもしくみはほとんど同じだ。クルーズコントロールでは、調整した速度を維持しなければならない。アクセルを踏んでいなければ減速するので、つねにスロットルを開いておく必要がある。一定の速度で走行できるように、スロットルは微積分の計算に基づいて制御されているのだ。飛行機のオートパイロットもそうだし、スペースXのロケット着陸技術もこれを踏まえている。微積分を使わずに「制御が必要な変化」をあつかうのは、まず無理と言っていいだろう。

そしてまた、物理学も微積分なしには考えられない。自然界ではすべてのものが絶えず変化している。したがって自然を研究しようとすれば、その変化を考察する方法が必要になる。それが微分積分法だ。ニュートンはこれを万有引力に関する理論に応用した。それまでにはなかった新しい手法だったため、ニュートン自身もそれほど深入りはしていないが、いま見てもおどろくほど正確な記述だ。20世紀の有名な物理学者リチャード・ファインマンは、ニュートンの法則を表すのにこれ以上の表現はありえないと述べている。

世界を変えた微積分

前章で取りあげた算術と幾何学に比べると、微積分は理解しにくいのも事実だ。中学・高校時代に悩まされた人も多いだろう。日々の生活で積分や微分を計算する必要に迫られる状況はまずない。それに、計算で答えを求めなくても、変化について考えることはできる。この意味では、日常生活で微積分を使う機会はたしかにないし、コンピューターで手軽に処理できるなら、少なくとも計算のために手を動かす必要はなくなる。

では、微積分を勉強するのは何のためだろう。これが「数」なら、政府が課税額の決定に使う数字を理解したいというのも立派な理由になる。納税告知書のまちがいに気づかず、よけいな税金を払わされてはたまらないからだ。微積分の場合、自分で計算をチェックすることはないにしても、計算結果を手がかりになんらかの判断がくだされていることは知っておくべきだろう。たとえば政府の政策効果試算を理解しようとすれば、微積分をふくめた数学の知識が欠かせない。数学では、記号にまどわされて基礎となる概念を見失ってしまいがちだが、微積分の根底にあるのは「変化をかぎりなく細かく分けて分析する」ことだ。身のまわりにある機械のしくみを理解したければ、まずこの考え方を押さえる必要がある。

微積分は世界を変えた。飛行機をはじめコンピューターやスマートフォンなど、現代の科学技術の多くは微積分を応用して実現された。世界をよりよく理解するために微積分は不可欠だ。もしなかったとしたら、人間はいまだに経験と勘だけにたよっていただろう。そもそも、今日使われている技術が実用化されること自体がほぼ無理なのだ。微積分の発見がなければ、現在の世界はずいぶんとちがったものになっていたはずだ。

計算は機械がやってくれるから、人間が手を出す必要はもうなくなったが、微積分の基本的な考え方を学校で学ぶのは悪くないと思う。歴史を勉強するのと同じだ。現在の世界の成り立ちを考えると、微積分が果たしてきた役割は大きい。とっつきにくい印象があるかもしれないが、微積分の基本の考え方とその実用性は十分わかりやすいものだ。

6

不確実なものを把握する

——数字にだまされるな！

２０１６年秋。世界じゅうがアメリカ大統領選挙の行方に注目していた。ヒラリー・クリントンとドナルド・トランプのどちらが勝つか――勝者の予想で盛り上がるのはいつものことだが、このときは様子がちがった。世論調査を分析した専門家は、70～99パーセントの確率でクリントンが勝利すると予測していたからだ。

その後のことは説明するまでもない。トランプの勝利にはだれもがおどろいた。世論調査に基づく予測は大きくはずれた、少なくとも世間はそう受け止めた。だが、あれほど多くの専門家がなぜ同じまちがいを犯したのだろうか。これは深刻な問題だ。

同年6月のブレグジット（イギリスのＥＵ離脱）を問う国民投票でも同じことが起きていた。世論調査によれば、残留支持が過半数を占めるとの見方が示されており、アメリカ大統領選挙の際ほど決定的な差ではなかったにせよ、残留派がより多くの支持を得ていると伝えられていた。しかし、ふたを開けてみれば過半数がＥＵ離脱に賛成票を投じたのだった。

世論調査の結果はどう受け止めるべきか。数字が示していることとはちがう現実が待ち受けているとしても、信じるべきだろうか。「信じるべき」だと思うが、はずれることもある以上、そのしくみを理解しておくことは大切だ。世論調査の分析といっても、結局は計算の結果なのである。それに、この分野の計算は歴史がまだ比較的浅い。たとえば、古代アテネに世論調査は存在しなかった。重要事項の決定は投票で行われていたが、当時の数学は結果を予想するためのものではなかったのだ。ニュートンやライプニッツの時代になっても、この分野はまだ確立していなかった。とはいえ、研究はすでに始まっていた。すべては1654年にさかのぼる。

賭けから始まった確率論

ブレーズ・パスカルとピエール・ド・フェルマー、2人の数学者が交わした書簡が残っている。パスカルは、知人のフランス人貴族シュヴァリエ・ド・メレからある問題をもちかけられていた。ド・メレは賭けごとが好きで、ときとしてはっきり決着がつくまえに勝負を打ち切らねばならないことを不満に思っていた。王侯がいきなり訪ねてきたときに、そのまま遊びを続けるわけにはいかないからだ。このような場合には賭け金をどう分配したものだろうか。ド・メレはこの疑問をパスカルに相談した。パスカルは即答せず、この問題の解法、つまり賭けの参加者の1人が最終的に勝つ確率の求め方について、フェルマーと手紙のやりとりを始めた。確率論、あるいは統計学はここから誕生した。

たとえば、AとBの2人が、先に3回勝ったほうを勝者とする賭けをしたとしよう。Aが2回、Bが1回勝ったところで勝負を中断した場合、Aの取り分はいくらか。Aはすでに2勝しているので、賭け金の合計の$\frac{2}{3}$だろうか。

いや実際には、Aがもらえる分はそれより多い。ここで考えるべきは、Aが先に3勝して賭け金全部を手にする確率だ。これは$\frac{3}{4}$であるから、賭け金の$\frac{3}{4}$がAのものとなる。パスカルとフェルマーは、Aが2勝1敗で中断したあとの勝負の展開から、この答えを導き出した。

次ページの図とともに、順番に見ていこう。再開直後の回でもAが勝てば、3勝1敗（3－1）となって勝負が終わる。ここでBが勝てば、もう1回勝負をすることになり、そこでAが勝つ（3－2）か、Bが勝つ（2－3）結果になる。3つの場合のうち、2つ（3勝1敗または3勝2敗）はAが勝者になるが、何回めの勝負で決まるかがちがう。ここ

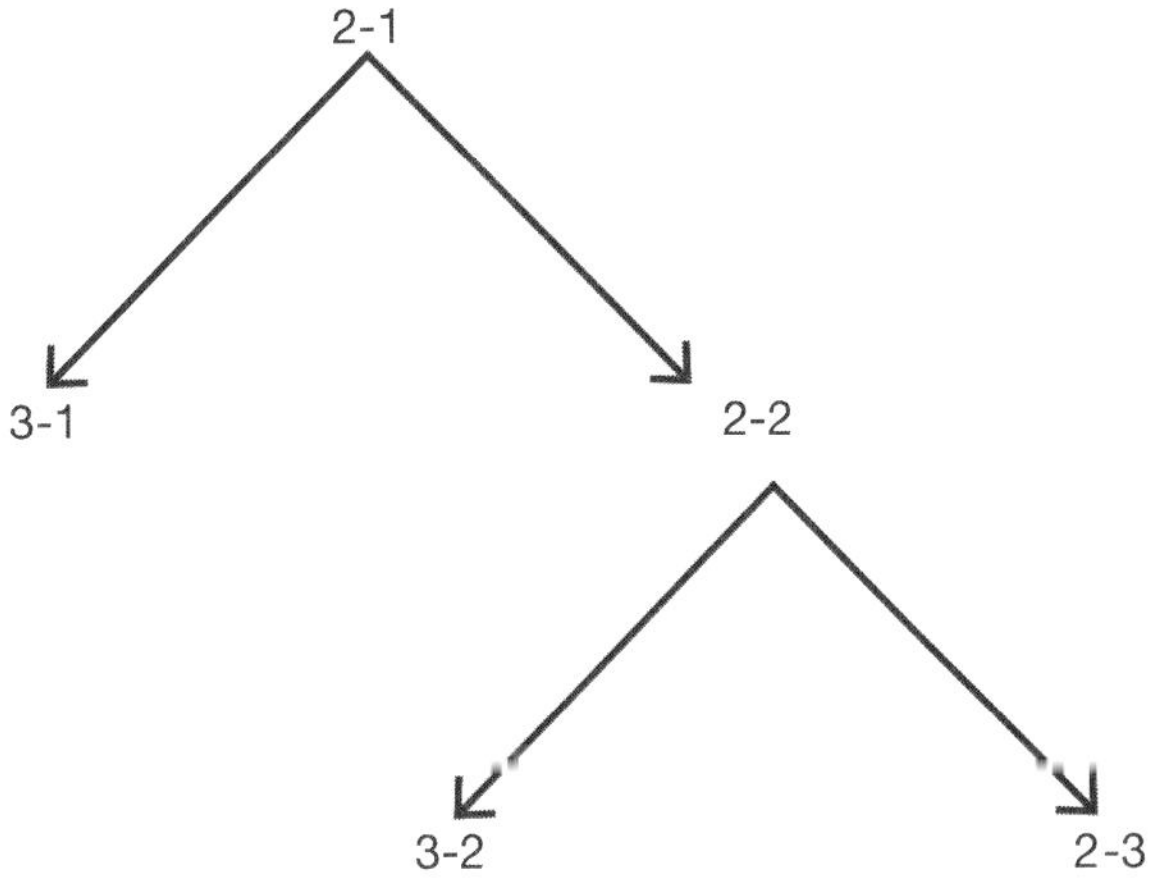

2勝1敗で中断した勝負で起こりうる展開

で、仮に3－1となったあとも勝負を続けて、3－2または4－1となる場合を考えれば、最終的には全部で4つの場合のうち3つでAが勝つことになる。したがって、Aが勝つ確率は3/4。パスカルとフェルマーはそう結論した。

　解法について議論する必要があるほど、重要な問題とは思えない。勝負を途中でやめることもあっただろうが、あとから再開すればいいだけではないか。今日もっとも広く用いられている数学の一分野がここから発展したことを考えると、なんとも瑣末《さまつ》なきっかけだ。だが不思議なことに、大勢の数学者がこの発想に飛びつき、異なる条件や、もっと難しいゲームを想定した計算に挑戦しはじめた。

当時の数学者たちの取り組みがまったくむだな遊びだったわけではない。フェルマーやパスカルが活躍したのは、相場取引がさかんになった時代に重なる。当時、商船が品物を満載して無事に帰港することに「賭ける」投資家たちがいた。ただ、彼らは別件の金策のために途中で投資を引き揚げようとすることがあった。本来の賭けごとではないにしろ、このような投資も勝敗がはっきりするまえの取り分だとみなすことができる。数学者たちは、このようなときに備えて、あつかいやすい例を考えていたのかもしれない。

動機はともかく、賭けゲームの研究から実用的な使い道が生み出されるまでには時間がかかった。この計算では、特定の参加者が勝つ確率があらかじめわかっていなければならない。前ページの例では、Aが最終的に勝つ確率は3/4となったが、それはAとBが勝つ確率は同じとみなしているからだ。ふつうはそうはいかない。Aのほうが強ければ、当然Aが勝つ確率が大きくなる。この計算は、「すべての場合と条件がわかっているときに起こること」の確率なのだ。

ここで2016年のアメリカ大統領選について考えてみよう。例で見たような確率の計算は、有権者がそれぞれトランプとクリントンのどちらに投票するかがわかっているときにかぎって行うことができる。アメリカで有権者登録を行った者全員について、どの候補者に投票するかを把握しなければならないわけだ。それは不可能だし、できたとしたら、（投票後の結果を知っているのと同じなのだから）予測は不要だろう。

確率の計算は、結果の見通しが立たないときにこそ威力を発揮する。その場合の出発点は、わかっている情報、たとえば選挙に関する調査票への回答だ。調査票を渡して記入を依頼できる人数はかぎられているし、正直な回答が得られるかどうかも疑問である。それでも、寄せられた情報をもとに処理するしかない。あるいは、もっと単純に、小石の色のちがいから計算を進める。ヤコブ・ベルヌーイが、1713年に出版された『推測法』で小石の例を説明したのは、パスカルとフェルマーの書簡から50年以上たったあとのことだ。賭けごとよりも実用的な研究対象が登場するまでには、それだけの時間がかかったのである。

ベルヌーイは、起こりうるすべての結果が明らかではない場合の確率を求めようとした最初の数学者だ。『推測法』に出てきた例を使って説明してみよう。黒と白の小石が合計5000個入ったつぼがあるとする。白い石と黒い石が何個ずつ入っているかはわからない。その割合を知るために、つぼから石を1つずつ、合計5個取り出してみたところ、黒が2個、白が3個だった（取り出した石は、色を確認したあとにつぼに戻した）。ということは、つぼの中には黒い石が2000個、白い石が3000個あるのだろうか。そうかもしれないが、白い石は3個だけで、偶然すべて取り出したのかもしれない。この可能性は小さいが、0ではない。

さらに石を取り出すことを繰り返す。黒と白の割合が2対3で変わらないとすれば、白い石は3000個だとの確信が高まっていく。これは、太陽が昇るのを何度も見ていれば、明日も太陽が昇ると考えるようになるのと同じだ。しかし、黒2対白3という割合が、つぼの中の実際の割合と同じだと合理的に判断するためには、石を取り出して戻すことを何回繰り返す必要があるだろうか。

ベルヌーイは最初、黒石と白石を取り出した回数の割合と実際の小石の割合（黒：白＝2：3）が1000回中999回一致すれば「まずまちがいない」と言うことができると考え、石を取り出す回数を計算で求めようとした。ところが、彼はここで壁にぶつかった。50回中49回一致する場合で計算したところ、この段階ですでに2万5550回も石を取り出さなければならないという結果が出たからだ。これは、つぼの中の石の数よりはるかに多い。

『推測法』は、ここで唐突に終わっている。2万5550回は実際に行うにはあまりにも大きく、それでもまだ「まずまちがいない」レベルにはほど遠い数字だった。この著書はベルヌーイ本人ではなく、死後8年たってから彼の甥が出版したものである。これほど時間がかかったのは、ベルヌーイの未亡人が、生前のヤコブと衝突が絶えなかった弟ヨハンはもちろん、この甥のことも信用しなかったせいだ。

ベルヌーイの挑戦は見事だったが、考え方にはいくつか問題もあった。1つは、あらかじめ割合を推定しなければならないことだ。この例で言えば、白い石が「3000個」ある確率を知りたいと決めて計算を始めるわけだ。この計算は、白が「2999個」のときの確率を求めたいときのものとはまたちがう。そして2つめの問題は、試行の回数が多すぎるうえ、確からしさを判断する条件が厳しすぎることだ。ちなみに今日の科学では、20回中19回一致（許容誤差5パーセント）という基準が一般的である。

確率をめぐる数学は賭けゲームから始まり、以降ゆっくりではあるが実用的なものに発展していく。ベルヌーイは、具体的な結果を生むような計算に取り組み、運用上の課題を1つ解決した。つまり、世論調査を実施するときに、アメリカの有権者全員の意見を聞く必要はないということだ。それでも、彼の考えた方法で計算を進めるには、「クリントンが（たとえば）52パーセントの票を獲得する」ことを条件としておく必要がある。国全体の投票傾向が事前にわからないなかで、あらかじめ決めた条件が成立する確率を求めるのは現実的ではない。次に紹介するのは、数学者アブラーム・ド・モアブルの研究で、確率と言えばだれもが連想するコイン投げについてだ。

コイン投げの確率

ド・モアブルはフランスに生まれたが、ユグノー〔宗教的弾圧を受けたカルヴァン派プロテスタント〕であり、1年間投獄されたのち、イギリスに逃れた。イギリスでは貴族の子弟に数学を教えて生計を立てながら、自身の研究も続けた。その成果はめざましく、ニュートンが数学はド・モアブルに聞くようにと紹介するほどだった。

ド・モアブルも白い石と黒い石の問題に取り組んだ。ここで、白と黒の石を、1枚のコインを投げたときの表と裏と考えてみよう。コインを投げる回数を十分増やせば、その結果は「二項分布」、つまり結果が2通りしかない場合に得られるグラフになる。ド・モアブルはそう予想した。次ページのグラフはコインを10回投げる実験のもので、右端は表が

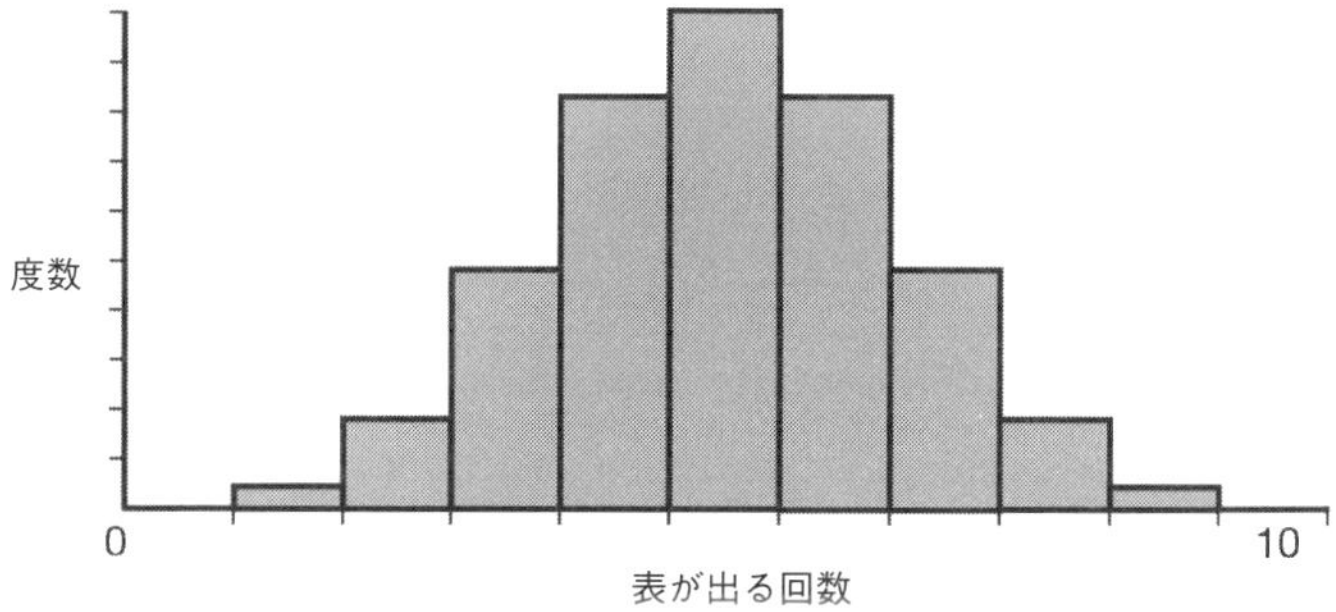

コインを10回投げたときに表が出る確率

10回出る場合、左端は表が1回も出なかった場合の数を示す。中央は表が5回出る場合である。

表が5回、裏が5回出る場合が起こりやすいことは明らかで、グラフもその部分が高くなっている。これは10回とも表が出る場合よりも「標準的」なのだ。このような形のグラフはさまざまな場面で見られる。身長を示したグラフもわかりやすいだろう。日本の成人男性の平均身長は約170センチメートル。したがってグラフの山の頂点はこのあたりになり、平均より身長が低い人は左側に分類される。たとえば身長150センチメートルという男性は少ないため、グラフの左端にくる。同様に2メー

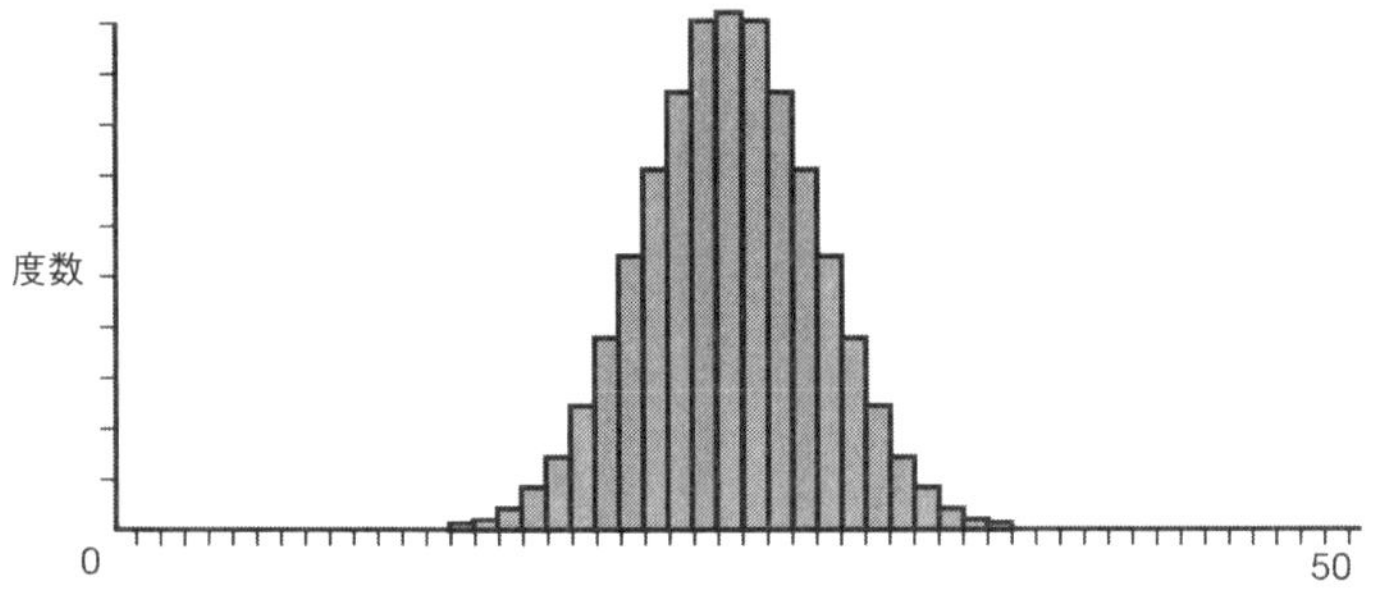

コインを50回投げたときに表が出る確率

トルを超える男性もほとんどいないので、この場合は反対側、つまりグラフの右端に位置することになる。

コインを10回投げたときに表が出る回数を示したグラフは、まだかなりでこぼこがめだつ。ここで投げる回数を増やすと、グラフの形は山型に近づいていく。コインを50回投げる実験で表が出る回数を上のグラフに示すが、こちらはずいぶんとなめらかになっている。

コインを投げる回数をさらに増やすと、次ページの図のようにグラフはよりなめらかな山型になり、ニュートンとライプニッツの手法（積分）を用いれば、曲線と横軸に囲まれた部分の面積を求めることができ

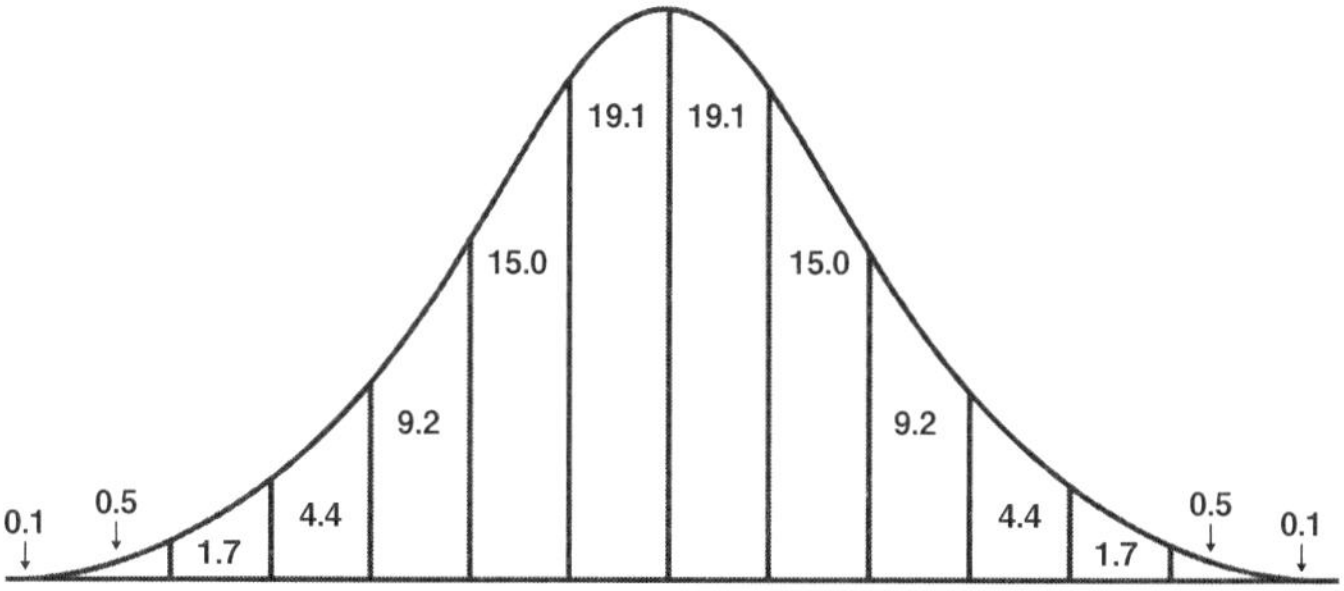

数値はその区分の範囲に収まる確率（％）を示す

る。そしてこの計算から、中央付近の区分が「標準的・正規」であることがわかる。全体の40パーセント近くが、平均値をはさむ面積が大きい2つの区分の範囲に収まっているからである。

　この面積は、そのまま確率を表している。身長が１７０センチメートル前後の男性が全体の約40パーセントを占めるということは、無作為に男性を１人選んだとき、その人の身長が１７０センチメートル前後である確率が約40パーセントということでもあるからだ。コインの例でも同じことが言える。投げた回数の半分で表が出る確率は、１００回投げて１００回とも表が出る確率よりもずっと高い。１００回連続で表が出る確率は0ではないが、ひじょうに低い。グラフが端のほうで横軸にかなり近づいているのは、このことを意味している。

ヒッグス粒子は存在しない？

ド・モアブルはグラフと積分を用いて確率を計算したが、そのグラフは実際何のために使えるのだろうか。身長の分布やIQスコアも同じようにグラフ化できる。しかしもっと重大なこと、たとえば世論調査のデータなどは、無造作に山型にあてはめることはできない。投票の結果に「標準・正規」と「規格外・異常」の分類はないからだ。科学の分野でもこの区別は難しい。たとえば、ここ10年の物理学における最大のニュース、ヒッグス粒子の発見が本当かどうかを確かめたいとする。そんなことができるとしても、どうやってこの山型の分布を使うべきか。

これは、もう1人の数学者、トーマス・シンプソンの功績だ。シンプソンは、同時代の研究者ド・モアブルの成果をさらに掘り下げる一方、より広い読者層に向けた解説書も刊行した。ド・モアブルはそれが気に入らず、著作のまえがきで「ある人物が大衆におもねり、本書の『第2版』を刊行するであろう。論題は同じだが、かなりの廉価版で筆者の論旨にはおよそ頓着《とんちゃく》しない書物である」と述べる始末だった。シンプソンは反撃に転じたが、ド・モアブルの友人たちが仲裁に入り、それ以上の対立は回避できた。

このとき、シンプソンには新しい確率論のアイデアも浮かんでいた。彼は、それまでのような想定した結果が得られる確率ではなく、誤りである確率に注目した。実験の結果が「真の値」に一致しない確率とも言える。観測器具はほとんどの場合正常に動くので、測定ミスが起きることは少ない。したがって、ほぼ正確な測定値が得られる確率は高く、その測定値はグラフの中央部、山の頂上付近に集中する。悪条件が重なれば大きな測定誤差につながるが、そんな悪条件がいくつも同時に存在することはめったにない。大きな誤差が生じたとしても、そのような値が収まる区分はグラフの両端、左右の山裾《やますそ》のいずれかとなる。

ほかの面で問題がないなら、ある推定が正しい確率の高さは数学的に計算できる。たとえば「ヒッグス粒子は存在する」という推定を考えてみよう。ここで、どの測定値が真の値に一致しているかは知りようがない。「ヒッグス粒子は存在するか」は肯定も否定もできず、したがってその存在を示す測定データが正しいかどうかもわからない。そこで、示したい命題を否定するようなグラフを用いて、そのグラフに対して測定データの「不自然さ」を判断することにする。まず「ヒッグス粒子は存在しない」という仮説を立てる。そして、その仮説が成り立つという条件のもとで測定値が得られる確率を計算する。測定値がグラフのどちらか一方の裾の範囲に入る場合、つまり極端な誤差が生じないかぎり、そんな値は出ないと考えられる場合、「ヒッグス粒子は存在しない」は不自然となり、ヒッグス粒子が存在する可能性はかなり大きい。

一方、測定値が「ヒッグス粒子は存在しない」との仮説を示すグラフの中央部に集まるときは、科学者たちをがっかりさせることになるだろう。さいわいのところ、そうはならなかった。「ヒッグス粒子が存在する」可能性はきわめて大きいのだ。欧州原子核研究機構（CERN）の実験で、「ヒッグス粒子が存在しない」なら、よほどの偶然でなければ得られないようなデータが確認された。それが純粋な測定誤差のために起こったとすれば、その確率は350万分の1というわずかなものだ。

シンプソンは、これらをすべて1人で考え出したわけではなかった。ベルヌーイの理論の問題点を思い出してほしい。必要な実験の回数があまりにも多いことと、あらかじめ立てた推論が正しい確率しか計算できないこと。シンプソンは実験の回数を少なく抑える手法を導き、1つめの問題を解決した。2つめの問題は、シンプソンの研究をさらに進めたもう1人のトーマス、つまりトーマス・ベイズが解決した。今日、「ヒッグス粒子が存在しない」としたときに特定の観察データが得られることがどれだけ不自然かを計算できるのも、ベイズのおかげだ。

迷惑メールの確率

計算のしやすさは、確率の性質によって異なる。ある人が受信した1通の電子メールが迷惑メールである確率を、Gメールが計算する場合を考えてみよう。迷惑メールによく出現する単語（英語なら、たとえば「Nigerian prince」［ナイジェリアの王子］）に注目すればよいのだが、その予測はなかなかやっかいだ。Gメールでは受信するメールが迷惑メールかどうかはわからないので、「ナイジェリアの王子」を意味する単語が迷惑メールに頻出するかどうかは判断できない。だが、ベイズが考えた式を使えば、特定の単語がふくまれているときに迷惑メールである確率を計算で求めることができる。

特定の単語をふくむ場合に迷惑メールである確率＝

迷惑メールである確率×迷惑メールである場合に特定の単語をふくむ確率

特定の単語をふくむ確率

計算式からわかるように、このためには3つの確率が明らかでなければならない。メールプロバイダーにとって、この3つはいずれも「特定の単語をふくむメールが迷惑メールである確率」よりも計算しやすい。迷惑メールの正当性（実際に迷惑メールであったかどうか）は、ユーザーの迷惑メール報告（迷惑メールフォルダへの振り分け）を学習して高めていく。迷惑メールを受信する確率は、迷惑メールフォルダのメール数を受信メールの総数で割ればよい。「ナイジェリアの王子」の単語がふくまれたメールを受信する確率も、その数を受信メールの総数で割れば出る。最後は迷惑メールに「ナイジェリアの王子」がふくまれている確率だが、これも簡単に計算できる。迷惑メールフォルダにある「ナイジェリアの王子」をふくむメール数を、受信した迷惑メールの総数で割るだけだ。ひとつひとつは単純な計算で、そこから最終的に「ナイジェリアの王子」をふくむメールが迷惑メールかどうかを予測できる。迷惑メールに頻出する単語が受信したメールに入っていて、受信者が本物のナイジェリアの王子とメールをやりとりする仲ではないかぎり、迷惑メールフォルダに直行だ。

ベイズの定理は比較的よく使われる。ベルヌーイの理論の問題点が見事に解決できるからだ。ベイズのおかげで、事前に推論を行わずにある現象が起こる確率が計算できるようになった。もっとも、この定理では計算式に使う3つの確率が正しいかどうかがわからず、まだ完全なものではない。だが、確率の計算結果は検証しやすいケースが多いし、ある程度の「不確かさ」はつねについてまわるものだ。なによりも、ベイズの定理は実際に役立つ。そこがそれ以前の確率論との大きなちがいだ。

医学界での例をあげよう。がん検診を受けたところ、陽性の結果が出た。これは何を意味しているのだろうか。この検診はどの程度信頼できるか。結果が陽性となった場合、本当にがんである確率はどのくらいか。いくつかの確率がわかっていれば、ベイズの定理を用いて計算できる。ここでもまた3種類の確率を出す必要がある。以下、仮の数字を用いて見ていこう。

1番目の確率に相当するのは、がんにかかっている人の割合。これを1000人あたり20人とする。つまり2パーセントだ。そして検診を受けると、その90パーセント、つまり

18人が陽性と判断されるとする。これが2番目の確率、つまり実際にがんの人が検診を受けた場合にがんが発見される確率である。残るのは、3番目の確率、検診で陽性の結果が出る確率だ。

ここで、がんではない場合に陽性となる確率が8パーセントだとすると、この例では1000人から実際にがんにかかっている20人を除いた980人中78・4人に、がんではないにもかかわらず陽性の結果が出る。したがって、検診では96（18＋78）人が陽性となる。これは、実際にかかっていて陽性の結果が出る人数（18人）よりもずっと多い。ベイズの定理にあてはめれば、次のようになる。

$$\text{検診で陽性と出た場合にがんである確率} = \frac{\text{がんである確率} \times \text{検診で実際にがんがわかる確率}}{\text{検診で陽性となる確率}}$$

$$= \frac{0.02\,(2\%) \times 0.9\,(90\%)}{0.096\,(9.6\%)} = 0.1875\ (18.75\%)$$

つまり、検診結果が陽性だったときに本当にがんである確率は19パーセント弱となる。がんであれば90パーセントの確率で正しい（陽性の）結果が出るとされていることに比べると、この確率はずいぶん低く感じられる。しかしながら、がんにかかっている人の割合（2パーセント）よりはずいぶん高い印象だ。こうやって検診の本当の意味が理解できるのだから、確率に関する数学はやはりあるに越したことはない。

統計学の登場

これまで見てきた確率論の汎用版とも言える学問が、統計学である。これは確率論よりも少し遅れて始まった。そのきっかけとなった実際の問題は、天文学者トビアス・マイヤーが1752年に解決した。ではここで、抽象的な理論ではなく、現実の世界から生まれた数学をたどってみよう。

マイヤーが生きていた時代、ヨーロッパの大国はいずれも植民地を持ち、世界の海を航海していたが、1つ大きな問題を抱えていた。海上の船の位置を正確に計算する方法を知らなかったのだ。船が航路を誤れば多額の損失につながる。このため、イギリスでは高額の懸賞金を用意し、海上での緯度と経度を計算する方法を募ることにした。緯度は１７３０年ごろから六分儀を使って求められるようになっていたが、経度については難しかった。そこでイギリス議会では、経度の測定方法の研究を支援する法律を制定し、１７１４年から１８１４年にかけて、総額10万ポンドにのぼる賞金が開発者に与えられた。現在の価値に換算すると何百万ポンドという額だ。

マイヤーには、本人の死後の１７６５年に３０００ポンド（現在の50万ポンド弱に相当）が贈られた。彼の功績は、月が見える位置の予測に成功したことだ。月の位置がわかれば時刻が特定でき、グリニッジ標準時から経度が求められる。時刻は、東に行くほどロンドンよりも進む。だから、時刻が決まれば、東西にどれだけ航行したかが計算できたのだ。

マイヤーによる月の位置の予測は、それまでよりも観測の回数を増やしたデータに基づいていた。従来は3回の観測を、マイヤーは27回も行った。現代はもっと観測回数を増やしてデータをとることに慣れているが、マイヤー以前の人々は大量のデータのあつかい方を知らなかった。月の位置を予測するには、３つの未知数を確定する必要がある。したがって、必要な観測は3回だけ――そう考えられていたのだ。当時の数学界の中心であっ

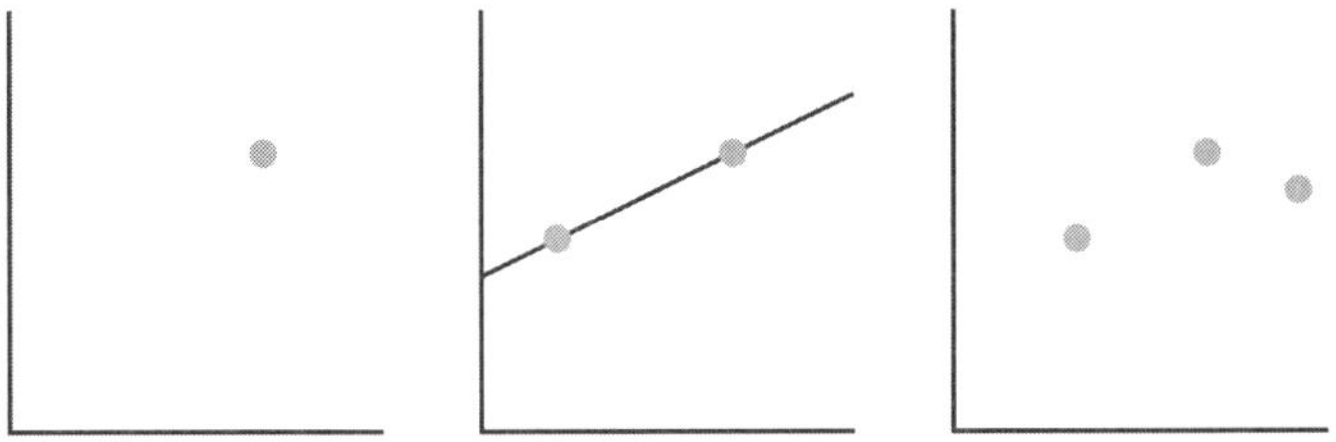

線を引く試み。点が１つ、２つ、３つの場合

たレオンハルト・オイラーも、観測回数が増えると精度が落ちるとの立場をとっていた。

　未知数に対して観測数が少ないほどよいとする理由は何か。想像しやすくなるように、上の図をもとに、線を１本引くことから考えてみよう。このとき未知数は２つある。線の傾きと始点の位置だ。このため、計測を１回行っただけで線を引くことはできない。グラフ中に点が１つあるとすれば、その位置はわかっているが、引かれるべき線の傾きは明らかではない（いちばん左の図）。一方、点が２つあれば簡単で、２点を結べば線が引ける（真ん中の図）。

　では、点が３つ以上の場合はどうするか

（いちばん右の図。点は3つある）。どんな線を引くべきだろうか。2点を結ぶ方法は使えない。そうすれば3つめの計測結果を無視することになるからだ。点のあいだを通るような線？　でもどこを？　その線の傾きは？　始点はいちばん低い（いちばん左）点の少し上あたり……？　このように、点が3つ以上になると、適当な線を引くのは簡単ではない。オイラーもこの問題を解決できず、必要な回数以上の観測値を用いることを認めなかった。

マイヤーはこれを首尾よく解決したが、彼が用いたテクニックはとてもシンプルだった。27回分の観測値があって、未知数は3つ。それなら観測値を9つずつ3つのグループに分けて、グループごとの平均値を出せばよい。これは3つのグループを3つの観測値としてあつかえるようにするためだ。27回分、すべての観測値を使っているが、平均値を出すことによって3つの未知数を決めることができたのだ。マイヤーの予測は、3回観測して得た値をそのまま3つの未知数にあてはめる計算よりもかなり正確だった。

それはなぜか。オイラーにとっては理解に苦しむ事態だった。たしかに、使うデータが増えるほど誤差が大きくなることがある。1回の計測ごとに2目盛り分大きな値が出ているときに計測を繰り返せば、誤差は大きくなる一方だ。だからオイラーは、データの量はできるだけ少なくすべきと主張した。今日、この考えは誤りであったと知られているが、ではどこがまちがっているのだろうか。

ここで、163ページの山型のグラフを思い出してほしい。誤差をふくんだ値は、山の左右いずれの側にもありうる。オイラーは、観測値を足し合わせることで山裾の方向に移動すると考えた。しかし、誤差は山の両側に存在するため互いに打ち消し合う。ある誤差のために右に寄るが、べつの誤差で左に振れる。そしてこの正の誤差と負の誤差を足せば、より中央部に近づく。観測における誤差は出たり出なかったりすることから、できるだけ多くの観測値を用いるのはじつは悪くない考えだ。

誤差のあるデータの信頼性

1800年ごろ、マイヤーの実践的な取り組みと確率に関する理論が融合した。これを進めたのは、カール・フリードリヒ・ガウス、ピエール＝シモン・ラプラス、アドリアン＝マリ・ルジャンドルらの数学者たちだが、例によってだれが最初に着手したかをめぐって争いが起こった。なかでもガウスは、ほかの数学者による著作が世に出るまえに、ガウス本人がこれについて話していたのを聞いた覚えがあると証言するよう友人たちに頼んだほどだ。優先権争いは、とりわけ重要な発見と認識されていたからこそのものめごとと言えるだろう。それも無理はない。ラプラスが世を去ったのは1827年だが、それまでには何十冊という関連書が出版されていた。彼らが考え出した新しい数学はたちまち自然科学の分野で応用され、そのほかの分野にも拡大していった。パスカルとフェルマーの時代から1世紀半を経て、確率論の勢いはもう止められなかった。

確率の考え方が広く普及したのは、マイヤーの手法が改良されたためだ。マイヤーの手法といっても、それは結局、問題を回避する方法にすぎない。計算には手を加えず、3つのグループの平均値を出して使っただけだ。ガウスとラプラスは、これをもっとうまいやり方で解決した。2人が考え出したのは、3つ以上の観測値があるときに、どのような直線を引くべきかを決定する一種のテストだ。次ページの図のような測定データが得られたとする。ガウスとラプラスに従えば、データ間の関係にもっともふさわしい直線は点線のようになる。全体の観測結果の傾向をいちばんよく表す線と言ってもいいだろう。

この点線の特徴は、こう引くと観測誤差がもっとも小さくなることだ。図では、観測値（点）と推定線（点線）を結ぶ縦の線で観測誤差を示した。この差は正の数の場合（点線

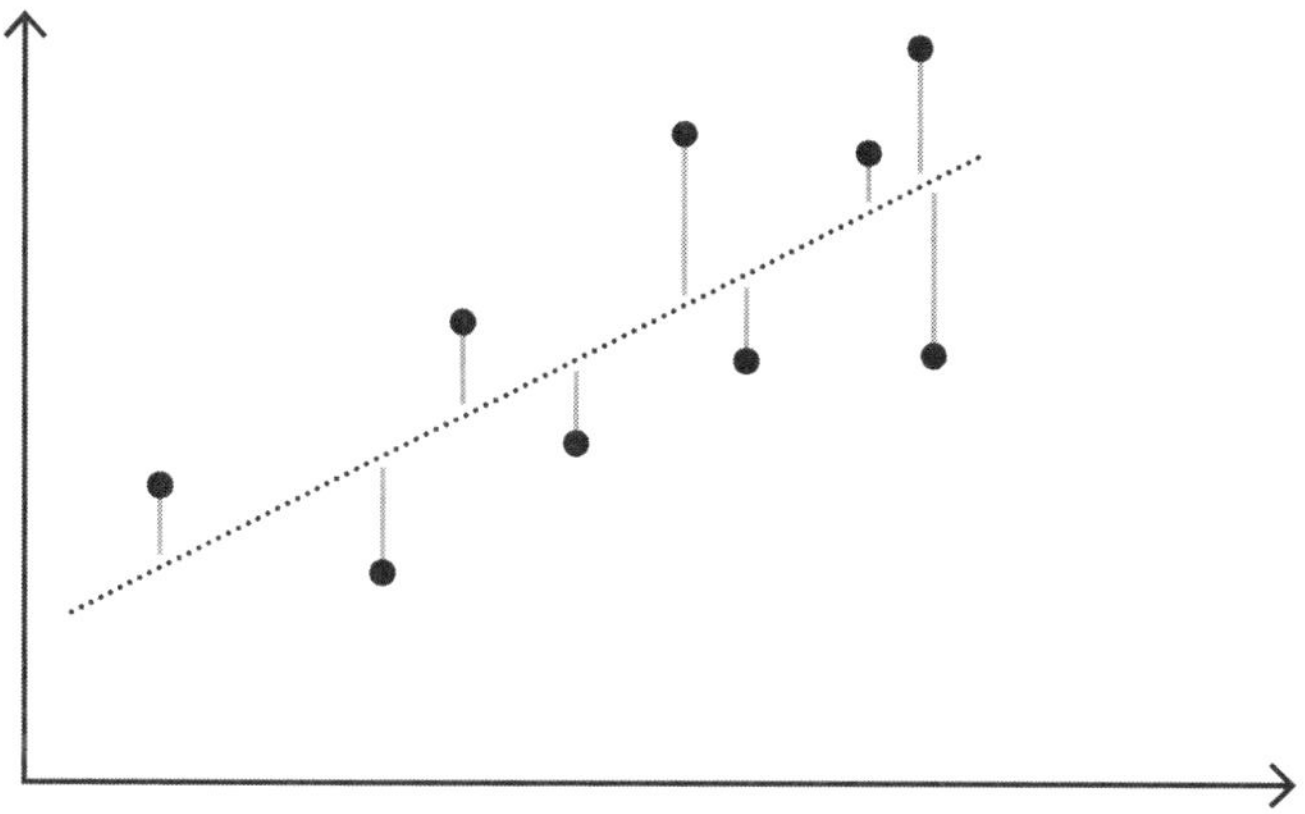

もっとも適切な直線を推定する

の上側）も負の数の場合（点線の下側）もあるので、差をそのまま合計すると互いに打ち消し合って0に近くなってしまう。差を2乗して負の値を消去したうえで合算するのはこのためだ。前述のシンプソンが考えたように誤差に注目することで、多くの観測データをマイヤーよりもうまくあつかえる。その結果、予測の正確性も向上する。

　しかも、この方法を用いると、推定がどの程度信頼できるかもわかる。観測値の誤差が明確になるからだ。すべての観測値にごく小さな誤差がある場合のほうが、大きな誤差をいくつかふくむデータよりも信頼性が高い。これはじつに新しい見方だった。

たとえば、古代メソポタミアで行われてい

た見積もりと比べてみよう。一定面積の畑から採れる穀物の量は、推定をもとに決められていたが、実際の収穫量はこの推定値に一致しなかった。当然だが、作物の出来は畑によってちがう。どこでも同じだけ雨が降るわけではないし、手のかけ具合もちがうからだ。メソポタミアでもこのことは知られていたものの、反映する工夫はなかった。正確な推定を出すこと、あるいはその推定がどれだけ正確かを計算することなどは、とうてい無理だった。それをかなえられる数学がまだ存在しなかったからだ。そんなことが可能になるのは、ガウスとラプラスが推定を最適化する方法を考え出したあとのことである。

コレラの感染源を突き止める

統計学が社会に広く普及し、病気の原因の究明などに活用されるようになるまでには、さらに100年を要した。1850年ごろ、人々はコレラに苦しんでいた。断続的に流行が繰り返されるなか、感染経路は明らかになっていなかった。原因についてはいくつかの説があり、「悪い空気（瘴気《しょうき》）」、つまり悪臭を吸うことで病気になると広く信じられていたが、怒るとコレラにかかりやすくなるという妙な考え方もあった。コレラに倒れることがないように、楽しく穏やかにすごしましょう——ニューヨークの住人は１８３２年と１８４４年にこんな通知を当局から受け取っている。コレラは水を媒介して感染するのであって、本人が怒っているかどうかは無関係であるという正しい原因を予想した者もいた。もっとも、原因に関する体系的な調査はほとんど行われず、コレラをめぐる議論は理論上のものにすぎなかった。

イギリス人の医師ジョン・スノウが発生要因の解明に踏み出したのは、このころのことである。当時、立て続けにコレラの流行があった。スノウは１８４８年に最初の調査を行い、感染源の特定に成功した。最初にコレラにかかったのはジョン・ハーノルドという船乗りだった。ハーノルドはまもなく死亡し、彼が借りていた部屋にはべつの男がやってきたが、この住人も同じくコレラの症状を示した。病気になった原因はわからず、さらなる調査が待たれた。

数年後、ふたたびコレラが発生した。大規模な流行となったが、スノウはこれに対応する方法を準備していた。地図を用意し、患者が出た住所に印をつけていったのである。患者はロンドン市内の一地区、ブロード・ストリート周辺に集中していた。ブロード・ストリートのポンプ井戸が汚染されていたのだ。その井戸の水を飲んでいた者はみなコレラにかかったが、ビール醸造所と救貧院はどちらも専用の井戸を使っていたので感染をまぬがれた。

憶測ではあるが、コレラが水を介して伝染することを示す女性患者の例がある。この患者は市内のべつの地区に住んでいたにもかかわらず、コレラに感染した。じつは彼女は以前ブロード・ストリートに住んでおり、その水のほうがずっとおいしいからと、毎日自宅まで水を運ばせていたのだった。このときのスノウの調査は、本格的な科学研究としては綿密さに欠けるところもあるが、この数年後、もっと大きな流行が起こったことをきっかけに、研究的なアプローチが確立されていく。

ブロード・ストリートのコレラ大発生があった１８５４年には、何千人もがコレラで命を落とした。この年にスノウが行った調査は、当人はそれとは知らなかったものの、歴史上もっとも早い時期に実施された二重盲検《にじゅうもうけん》試験［研究の対象者が実験群と対照群のどちらに割り当てられているかを、対象者と研究者のどちらにも知らせずに観察する手法］だった。スノウは以前より、コレラ流行の原因が水にあるなら、飲み水を供給する会社とコレラで死亡する確率にはなんらかの関係がありそうだと考えていた。そこでロンドンの水供給会社の大手2社サザーク＆ヴォクソールとランベス・ウォーターについて調べてみた。両社ともテムズ川から水を引き込んでいたが、サザーク＆ヴォクソールの取水地はランベスよりも汚染がひどかった。したがって、サザーク&ヴォクソールの水を飲んでいる人は、コレラが原因で死ぬ確率が高いと予測された。

はたして、そのとおりだった。サザーク&ヴォクソールが水を供給していた世帯は4万で、そのうち1263人が死亡したのだ。1万世帯あたりの死亡者数は315人だ。一方ランベスでは、1万世帯あたりの死亡者数は「わずか」37人だった。規模の小さなチェルシーでも、サザーク&ヴォクソールと同じく汚染した水を取り込んでいたが、給水のまえに十分に浄化を行っていた。この結果、チェルシーの供給地域ではコレラ患者はほとんど出なかった。

スノウが行った調査はどれもコレラが水を介して伝染することを示しており、彼の予測は確信に変わった。この解釈は正しく、大発生と前後するようにしてコレラ菌が発見されている。ただしスノウは、自分の予測の信頼度は示せなかった。死者数と水の供給会社のあいだにかなり密接な関係があることは立証できなかったのである。コレラの原因が汚染された水であることは、スノウの取り組みから確認できたが、この考えがすぐに広く受け入れられたわけではない。1892年になってもなお、コレラは土壌《どじょう》から伝染すると信じる医師たちがいたほどだ。スノウに知識があれば、自分の予測が正しい確率を求めることができたはずだ。それがなかったために、多くの命が犠牲になってしまった。

ニコラス・ケイジと溺死の関係

では、ここで欠けていた数学とは何か。水の供給会社と死者数の関係の強さは、どうすれば計算できたのだろう。

解決策の1つは、すでに見たヒッグス粒子のケースと同じように、「コレラは水を介して伝染しない」としたとき、死亡者数にこれほど大きな差が出る確率を考える方法だ。1万世帯あたりの死亡者が315人と37人では相当開きがあるが、これは偶然の産物だろうか。例の山型のグラフをここで使おう。コレラが水以外の原因で発生していると仮定すれば、得られたデータはグラフのどこに位置するか。そう、山裾のほうだ。コレラが水を介して感染しないのならば、観察された現象が偶然起こる確率がきわめて小さいことから、水のちがいが死亡者数の差をもたらしたと言えそうだとわかる。

また、もう1つの解決策として、「複数回の実験を行う」ことを考えてもよい。コレラの流行が何度か繰り返され、汚染された水の供給を受ける人の数が変化したことに注目するやり方だ。新聞でサザーク&ヴォクソールの水は危険だという記事を読んだ人々が、ランベスの水に切り替えたとすれば、ランベスへの変更がコレラ患者数の変化につながったかを検討すればよい。安全な水を飲む人が増えれば、その分死亡者が減ると推定するわけだ。しかもこれは数字で確認できる。

このような関係（汚染された水を飲んでいる人数とコレラ患者数）を「相関関係」という。科学の世界では、「相関関係は因果関係を含意しない」とよく言われる。データに明確な関係が見られるとしても、それは一方がもう一方の原因であることを自動的に意味しないということだ。汚染された水を飲んでいる人数とコレラ患者数の相関関係は、「汚染された水によってコレラの感染が広がった」ことをかならずしも示しているわけではない。

ある2つの事象の相関性は、少し考えればいくつも見つけられるものだ。たとえば、ニコラス・ケイジの映画出演本数とプールで溺死する人の数には相関性が認められている。

次ページのグラフを見てみよう。溺死者数とニコラス・ケイジの出演本数とのあいだには、長期にわたっておどろくほどの相関がある。プール事故が増えているのは彼のせいなのだろうか。もちろんそんな因果関係はないが、相関関係はあると言える。では、その相関の強さはどう計算すればわかるのだろう。

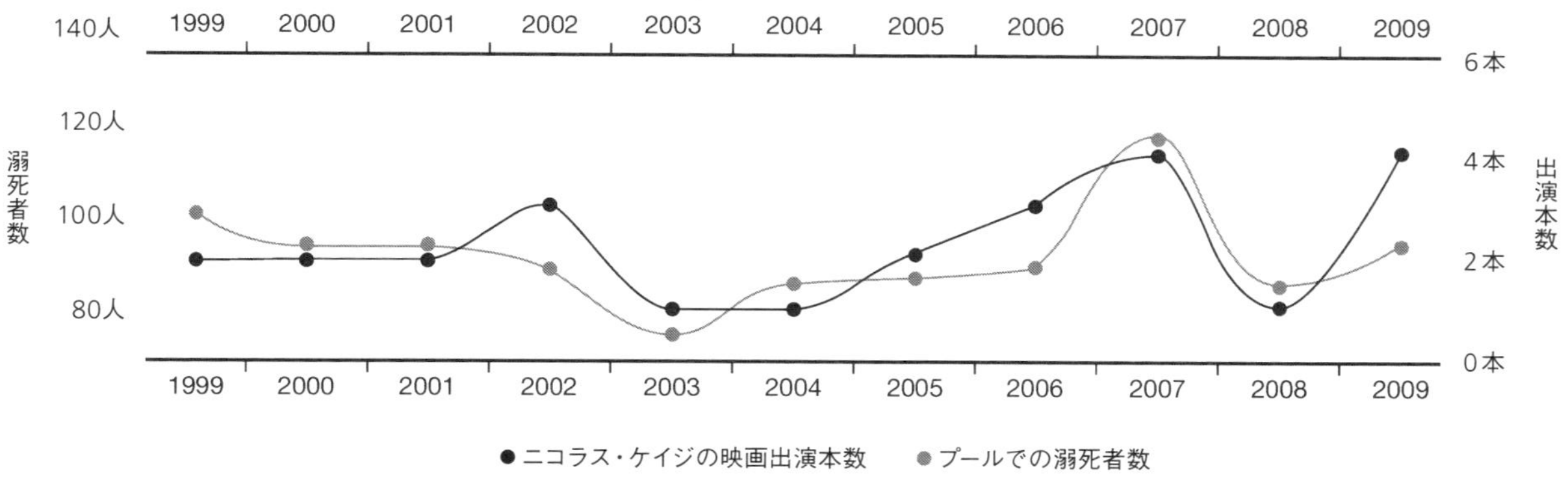

ニコラス・ケイジの映画出演本数とプールでの溺死者数の推移

　このような計算ができるようになったのは、１９００年のことだ。ニコラス・ケイジと溺死者数のような関係があるとき、そのデータの類似性の度合いは計算で求められる。これは「相関係数」と呼ばれ、−1以上+1以下の実数の値をとる。数値は関係の強弱を示し、たとえば−1であれば、ニコラス・ケイジの出演作が１本増えるごとにプールで溺死する人の数が減るという意味になる。その場合、（一方が増えれば他方は減るので）グラフ中の２本の線は互いに正反対の変化を示す。また係数が+1のときは、ニコラス・ケイジの出演作が増えれば溺死者数も増えるという関係になる。つまり2本の線は同じように増減することになる。相関係数が０なら、２つの事象には相関がないことを示している。

　相関係数を出すことができても、「無意味な相関」を読みとってしまう可能性はまだ残っている。図に示したグラフでは、相関係数は０・６６６となり、２本の線の変化にはかなりの一致が見られる。だが、いずれの事象も本来それほど大きく増減するものではないのだから当然のことだ。ニコラス・ケイジが年に20本もの映画に出るはずがないし、プールでの溺死はほぼすべて不慮の事故であって、こちらも年間の発生件数が一気に10倍になるようなことはありえない。根気よく探せば、数量があまり変化しない事象は見つかるものだ。

したがって、相関関係の解釈には注意が必要だ。ここであげた例では、ニコラス・ケイジにプールでの溺死事故の責任はないことは想像がつくが、いつもそう都合よく運ぶわけではない。かつてウォール・ストリート・ジャーナル紙に、安全性の高さは肥満につながるという記事が掲載されたことがある。子どもの遊び場の安全性と肥満児の数に相関関係が認められているからだ。それなら、今後は子どもたちを危険な遊び場に連れて行くべきなのだろうか。安全だから太るというのは本当か——もちろん誤りだが、遊び場の安全性が高まるにつれて、太っている子どもが増えてきたと気づいた人がいるのだ。そして、その相関関係がニュースになってしまった。統計は、たしかに誤った印象を与えることがある。

「昔よりいまのほうが生活は楽」は本当か

数字を使って事実をねじ曲げるのはたいして難しくない。それは統計学の誕生以来、ずっと行われていることでもある。1954年に刊行されたダレル・ハフの『統計でウソをつく法——数式を使わない統計学入門』は、統計学がどのように誤用・悪用されているかを明らかにした本だ。おかしな相関関係の事例ばかりでなく、数字で人をだます方法がいくつも紹介されている。

最近の例を取りあげよう。アメリカ合衆国司法長官を務めたジェフ・セッションズが、2017年半ばに行った治安に関するスピーチだが、概要はこんなところだ。治安が大きく悪化しており、アメリカは次第に危険な国になりつつある。わが国に入国してくる外国人は信用ならないと悟るべきときだ。すでにアメリカで暮らしている移民にもなにかしら問題があるに決まっている。実際、殺人事件の件数は前年から10パーセントも増加した。これほど大幅な増加は1968年以来はじめてのことで、治安の急速な悪化を示しているとしか考えられない。

もっともらしく聞こえる話だが、実際のところ、アメリカは昔に比べてだいぶ安全な国になっている。数値が跳ね上がったのは、もともと殺人事件の件数がきわめて少ないせいだ。10パーセントの増加とは、10件あったものが1件増えるということだ。1万件であれば1000件の増加になる。セッションズはパーセントの数値を持ち出したが、アメリカでは殺人事件の件数がかなり減少しており、わずかに増えただけで激増したような印象を与えたわけだ。

セッションズの「10パーセント」には、まだ隠された事実があった。殺人事件の増加件数のうち、その半分以上がシカゴで起きていたことだ。シカゴではこの年、殺人事件がきわめて多く、781件も発生した。一方、シカゴ以外のアメリカの治安はおおむね向上し、全米で史上もっとも殺人事件が少ない年となった。たしかに数値は正しいし、その点で長官はうそを言ったわけではない。しかし、そこからの推論はまちがっていた。数値を選べば、現実を完全にねじ曲げて伝えることができるのだ。

事実を歪曲《わいきょく》するには、さまざまな方法がある。たとえば、「昔よりいまのほうが生活は楽」というのは本当だろうか。これを「現代の可処分所得が増えたかどうか」から確かめよう。アメリカでは関連する数値が公表されている。データは2種類あり、まず当局が発表した数値によれば、現代の可処分所得は増えていない。1979年以降、平均所得はほとんど増加しておらず、長期にわたって減少したことさえある。「昔のほうがよかった」とは言えないかもしれないが、悪かったわけではないのは確かだ。これはアメリカ政府国勢調査局のデータなので、公式の数値と考えてかまわない。

もう1つのデータは、政府ではなく、あるシンクタンクがまとめたものだ。それによると、可処分所得は1979年と比較して1・5倍に増えた。ということは、やはり暮らしは楽になっているわけだ。可処分所得はこれまでずっと増加傾向を示しており、直近で過去最高額に達している。このように、シンクタンクと政府の見方はかなりちがう。さて、正しいのはどちらか。

おそらくシンクタンクのほうだろう。というのも、政府は単純なことを見落としているからだ。政府の計算では、世帯あたりの平均所得を世帯あたりの人数で割っている。しかし、２０１４年の平均所得を１０７９年の計算と同じ世帯人数で割っているのである。このあいだに世帯の規模は縮小しており、単身世帯や子どものいない世帯が増えた（１９７９年の平均世帯人数は２・７８人、２０１４年は２・５４人）。子どものいる世帯であっても、子どもの数は減っている。つまり、ここは小さな世帯人数で所得を割るべきなのだ。一定の所得を相対的に多い人数で分けているかぎり、暮らし向きが上向かないのはあたりまえだ。

今度は、男女間の賃金格差を考えてみよう。先進国では、男性の給与水準を１００とすると、女性はその85パーセントしかもらえていないというデータがある。ひどい話だが、実態はこの数値だけから想像されるものとはちがうかもしれない。実際、同じ国のデータを見てみると、女性の給与は同じ企業で同じ仕事をしている男性の98パーセントとなっている。そこに差があること自体がおかしいが、それでも最初の数字に比べるとずいぶん縮まっている。

つまり、「賃金格差が生じるのは、同じ仕事に対する報酬額が男女でちがうためである」とは言いきれないのだ。85パーセントは、男性全員の平均賃金を女性全員の平均賃金と比較した数値である。女性の賃金が低いのは、給与の高い仕事に就いている女性が少ないからだ。大企業の役員会に占める女性の割合は小さい。また看護師など女性が多い職業の給与は、一般的に男性が多い職業（警察官など）に比べて低い。格差解消の取り組みはたしかに必要だ。その一方で、仕事内容が同じなら、男女の賃金格差がかなり小さくなるという事実はもっと注目されてよい。

統計で発表される数字はふつう平均値であるため、結果として真実から離れたイメージが伝わることがある。所得水準の上昇を示すには、まず平均値を出さなくてはならない。所得の総額を世帯数で割り、さらに世帯人数で割った値だ。男女間の賃金格差も平均値をもとにしているが、男性と女性では職種がちがうために賃金格差が生じていることは、平均値のみではわからない。統計データをまとめる過程で、たくさんのことが削られてしまうからだ。ここで、次ページの4つの散布図を見てほしい。測定値のデータはまったくち

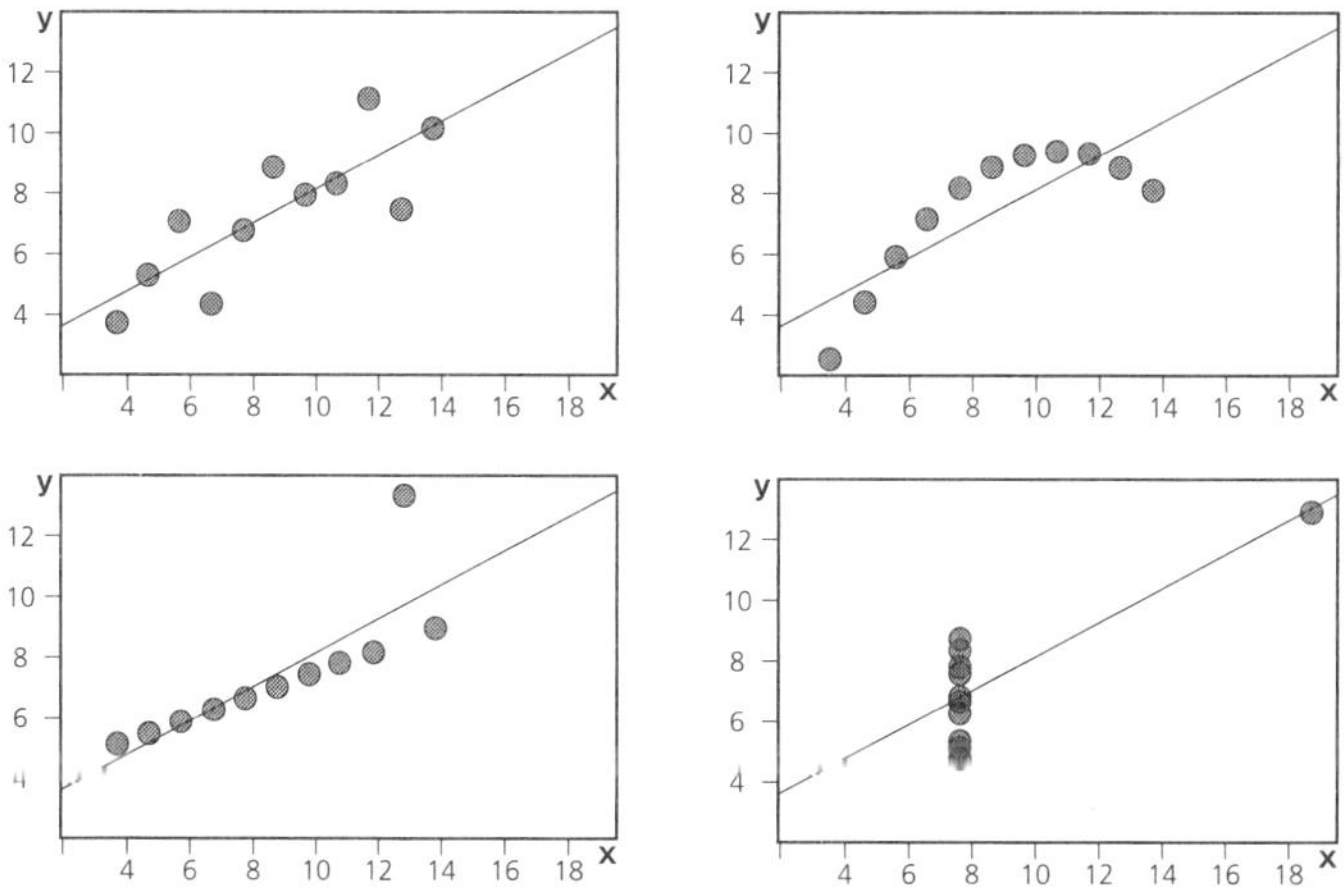

まったく異なる測定値のデータに対して同じ回帰直線が得られる

がうにもかかわらず、もっとも一般的な解析の結果は一致するという例だ。ガウスとラプラスの手法によれば、もっとも信頼度が高い推定値を示す直線（回帰直線）はどれも同じになる。

だから、統計データは注意して読むべきだ。ある考え方を裏づけるデータは、ほぼどんな場合でも見つかる。「昔はよかった」と思っていれば、現代の所得水準が1・5倍に上昇したことなど信じたくないはずだ。そういうときには、「昔はよかった」派にとって好都合な数字を利用するだろう。「治安の悪化は移民のせい」だと主張したければ、殺人件数の10パーセント増加を取りあげればよい。逆に、賃金格差の存在など認めたくないという人は、同じ企業で同じ仕事をしていれば支払われる額もほぼ同じだという事実を強調できる。もちろんまちがいではないが、それは現実に存在する不平等を正さない理由にはならない。

リスクはさておき、平均値が役に立つものであることは明らかだ。男女の賃金格差であれば、すべての賃金を個別に比較するなど無理な話で、こんなときには平均値を使うと全体の見通しがつきやすい。

このように、平均値はデータをおおまかにつかむために必要なものだが、一方で、ばらばらのデータをあつかうときには推定を行う手法が必要になる。推定は、作物の収穫やGPS（全地球測位システム）による現在位置の確認、写真の解像度を上げる目的などで用いられているが、いずれも数学を用いることによって精度が向上し、使いやすいものになった。本章のはじめで見たアメリカ大統領選の世論調査に基づく分析でも、この分野の数学が活用されている。

世論調査の罠《わな》

選挙まえの世論調査は、アメリカでは長く行われてきている。すでに100年もまえから、ひとりひとりに直接質問するのではなく、データをもとに数学を使って投票動向を予測するようになっているのだ。世論調査の考え方はかなり単純だ。たとえば、トランプが当選すると考える人の割合を知りたいとする。仮に有権者全体の40パーセントがトランプ支持派だとして、それはどうすればわかるのだろう。「トランプをどう思いますか」と聞いて回ったりはしない。一定数の人々を無作為《ランダム》に抽出し、全体（母集団）より小さい集団から回答を収集するのが世論調査だ。母集団のすべての対象がこの小さなグループ（標本）に同じ確率で抽出されていれば、標本となった人がトランプが当選すると答える確率は40パーセントとなる。そのとき、このグループは全国の有権者の構成とほぼ完全に一致していると言える。

ここで用いられる数学とは、おもに世論調査の精度の計算だ。標本が正しく選ばれているかどうかを検証する。ランダムに抽出したにもかかわらず、トランプのファンばかり集まってしまうこともあるからだ。意見をたずねる人の数を増やすほど、そんな状況になる確率は小さくなり、世論調査の精度は向上する。ただし、それはすべて問題なく進んだ場合にかぎられる。本当の意味でランダムに対象者を抽出するのは、実際なかなか難しい。

1936年のアメリカ大統領選の例を見てみよう。

当時のアメリカは、世界恐慌の最終段階に入っていた。大きな経済政策がいくつも懸案となっており、フランクリン・ルーズベルトとアルフレッド・ランドンのどちらが勝つかが世間の耳目を集めていた。リテラリー・ダイジェスト誌では、定期購読者を中心に1000万人を対象に世論調査を実施した。1000万人は、当時の国民のほぼ10パーセントに相当する。最終的には、200万以上の回答が集まった。

この大規模な世論調査の結果は、ほどなく同誌で発表された。共和党のランドンが57・1パーセントを獲得して勝利すると予測し、民主党のルーズベルトは42・9パーセントを上回れそうにないと結論づけていた。そして実際の選挙を迎えたが、ダイジェスト誌の予測は完全にはずれ、大統領選はルーズベルトの圧勝に終わった。ルーズベルトの60・8パーセントに対して、ランドンの得票はわずか36・5パーセント。このしくじりの原因は、標本抽出（サンプリング）のランダム性に問題があったことだ。調査は電話のある世帯を対象に行われたが、恐慌のさなか、電話を所有するのは裕福な家にかぎられていた。言い換えれば、ダイジェスト誌が調査を行ったのは、おもに共和党支持者だったのだ。

以降、ここまでの大失敗はない。だが、２０１６年の大統領選ではどうだったのだろう。このときも、世論調査に基づく予測とは大きく食いちがう結果となった。多くの専門家は、クリントンが70〜99パーセントの確率で当選すると断言していたのだ。矛盾するようだが、２０１６年の世論調査は、１９３６年以降実施された調査のなかでは際立って精度が高い。そして、じつは報道から受ける印象とは異なり、大きくはずれたわけでもなかったのだ。世論調査で得票率はクリントン46・８パーセント、トランプ43・６パーセントと予測された。ここでは候補者間の差がとくに重要で、およそ３パーセント（46.8－43.6＝3.2）となる。だが、実際の得票率は、クリントン48・２パーセント、トランプ46・１パーセントで、その差は予測よりも小さく、およそ２パーセント（48.2－46.1＝2.1）。クリントンの得票率がトランプより高いという予測は、一応は的中したのである。

全体的に見て、問題は３つあった。まず、サンプリングが完全にランダムではなかったことだ。世論調査のサンプリング方法は（昔と比べて）かなり改善されたが、回答者を見ると、大学卒業者がほかの層と比べて多くなる傾向がある。標本では高等教育を受けた人の割合が母集団より多く、しかも彼らはクリントンに投票すると答える確率がほんの少しだけ高いとしよう。すると、この調査にはトランプ投票者の一部がふくまれないことになる。1936年のダイジェスト誌の調査では、貧困層や高等教育を受けていない層をふくめることが難しかったが、それと同じ事態だ。

2つめは、トランプに勝利をもたらした州での調査が簡単ではなかったことだ。ペンシルベニア、ウィスコンシン、ミシガンの3州は、世論調査によればクリントンが勝つと予測されていた。またこれは過去の選挙結果にも一致していた。ところが、2016年は状況がちがい、この3州の有権者は、選挙が翌週に迫った時点でもだれに投票するかを決めかねていた。そして彼らの大部分がトランプに投票したのだった。これは世論調査で予測できることではない。調査の回答者自身もだれに投票するか「わからなかった」のだから。

3つめの問題は、トランプに投票するつもりだと「答えなかった」人たちがいたことだ。まだ決めかねていたからか、言いたくなかったからなのかはわからない。ただ、クリントンに投票した調査対象者の多くからは、明瞭な回答が得られていた。これも、正直な回答の無理強いはできない以上、調査会社の落ち度ではない。じつは、この調査における唯一の問題は、回答者の教育水準が（有権者の）実態を反映していなかった点である。それ以外の要素が浮上したのは、勝敗がついたあとのことだ。世論調査がはずれた理由は、ペンシルベニア、ウィスコンシン、ミシガンでのトランプ勝利を予測できなかったことにつきる。それ以外の州では、おおむね予想どおりの結果となったからだ。

つまり、統計データは周囲の世界を完璧に映し出す鏡ではない。精度の高い世論調査であっても、その予測がはずれることはある。平均値が誤解につながることもあれば、ニコラス・ケイジの映画出演本数と溺死者数のように、実際には無関係なものに相関関係が見られたりもする。だから、平均値の出し方や、相関とは2つのグラフの一致度にすぎないことなど、統計の知識を持っていくに越したことはない。統計は人をだますことにも使えるが、とても便利なものでもある。

１７０ページであげた、がん検診で陽性の結果が出たときに実際にがんである確率を求める例でも、統計のデータが使われている。陽性と出たときにがんである確率（19パーセント弱）は、がんの人が検診を受けて陽性となる確率（90パーセント）だけから受ける印象よりもずいぶんと低い。簡単な計算をしてみることで、不確実な状況をより確実に把握できるのだ。

一方で、ほかの数値、たとえば平均値は大量の情報をおおまかに理解する助けになる。ただし、概要はつかめるが、状況を正確に伝えるものではない。実際のところ、すべてを追いかける時間などないのだ。経済データを全部読むことはできないにしても、平均値をいくつか眺めれば、景気の動向の見当もつくというものだ。

では、この分野の数学をわかっておくことは重要だろうか。微積分と同じく、日常生活では自分で複雑な計算をする必要はまずない。しかし、統計学は微積分よりも少し理解を深めておくと役に立つはずだ。世論調査や統計データは情報源としてよく利用されるが、これらはさまざまな点で誤解につながりやすい。セッションズ司法長官は、数値をうまく抜き出すことで、国の治安についてまちがったイメージを与えることに成功した。意図したものか、そうでないかを問わず、サンプリングに偏りがあり、世論調査の結果が現実と食いちがうこともある。科学研究では、実験結果が偶然によって生じるものであるかを確認するために、ほぼ例外なく統計学が用いられている。

統計学の成果は、人々の生活に直結する数学の分野だ。たとえば、何がいちばん子どものためになるか、どうすれば健康で長生きできるか、コレラの原因は何か。次の選挙で予想される結果はどうか。こういったことにはすべて統計学がかかわっている。コンピューターの画像認識、迷惑メールの判別もそうだ。大量のデータをあつかうとき、その解析に統計学ほど適した方法はない。

統計学が生活に及ぼす影響が今後ますます大きくなっていくと言われるのはこのためだ。データの話には、かならず統計学の計算がからんでいる。新聞やニュースで百分率や平均値を目にする頻度を考えてみてほしい。これらの値がどのように計算されているか、そしてまちがいを犯す危険がどこに潜んでいるかを理解していれば、情報を批判的に検討できるようになる。数字はうのみにすべきものではない。統計学の知識があれば、そのもととなった情報を調べてみることもできるのだ。

7

想像上の散策

——最短ルートを考える

ケーニヒスベルクの橋の問題

18世紀初頭、ケーニヒスベルク（現ロシア・カリーニングラード）の街を題材にしたパズルが流行した。この街を横切るように流れる川には中州が2つあり、川の両岸と中州を結ぶ橋が7つかかっていた。パズルの問題は「すべての橋を1回だけ渡るような散策のルートはあるか」。次ページに1700年の街の地図を示す（楕円で囲んだところが橋）。

パズルを解く方法の1つは、いくつものルートを試してみることだが、それは時間がかかる。1736年になってようやく、前章で登場したオイラーが、そのようなルートは存在しないことを証明した。オイラーは、三角関数のsin《サイン》・cos《コサイン》・tan《タンジェント》という用語を発明したほか、新しい数学の分野を開拓し、数々の功績を残したが、この証明もその1つだ。視力を失いつつあったときでも数学への取り組みをやめず、むしろこのほうが集中できてよい、とまで語ったと伝えられている。

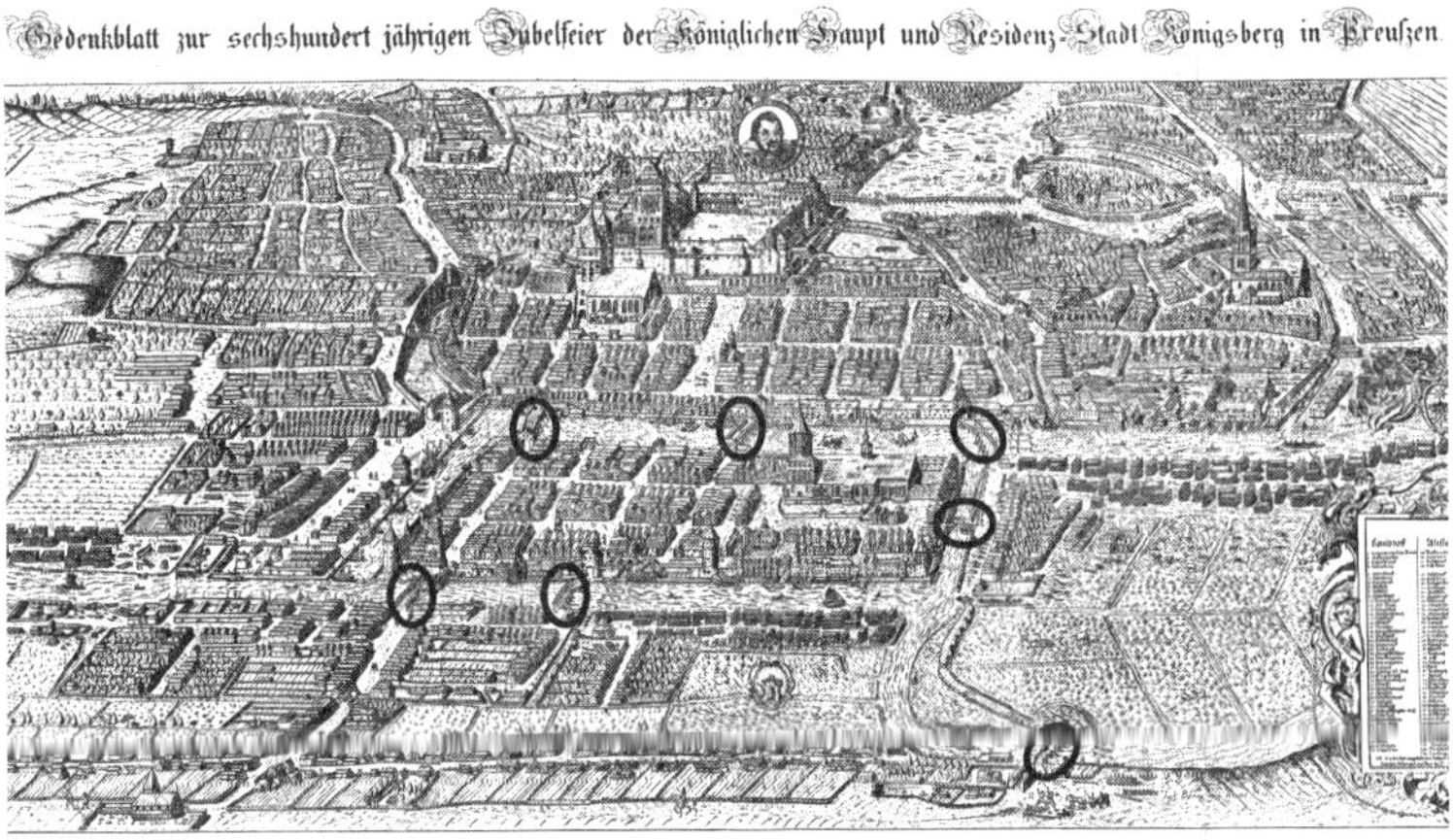

7つの橋がかかるケーニヒスベルクの街の地図

オイラーはこのパズルについて、情報をできるだけ除いて整理すればあつかいやすくなると考えた。たとえばケーニヒスベルクの街の様子は、パズルの問題には関係がない。必要なのは橋だけだ。そこで、橋を線で、中州と川の両岸を円で表した。1つの橋からべつの橋へは、同じ円で結ばれている場合にかぎって移動できる。オイラーは、7つの橋を渡るルートの有無を調べるために、次ページのような簡略化した図を使った。この種の図式を「グラフ」と呼ぶ。グラフは、いくつかの点とそれらを結ぶ線で構成される。なお、数学の用語では点を「頂点」、線を「辺」というが、本書では「円」「(直)線」とした。

このグラフ上で、散策ルートには2種類あ

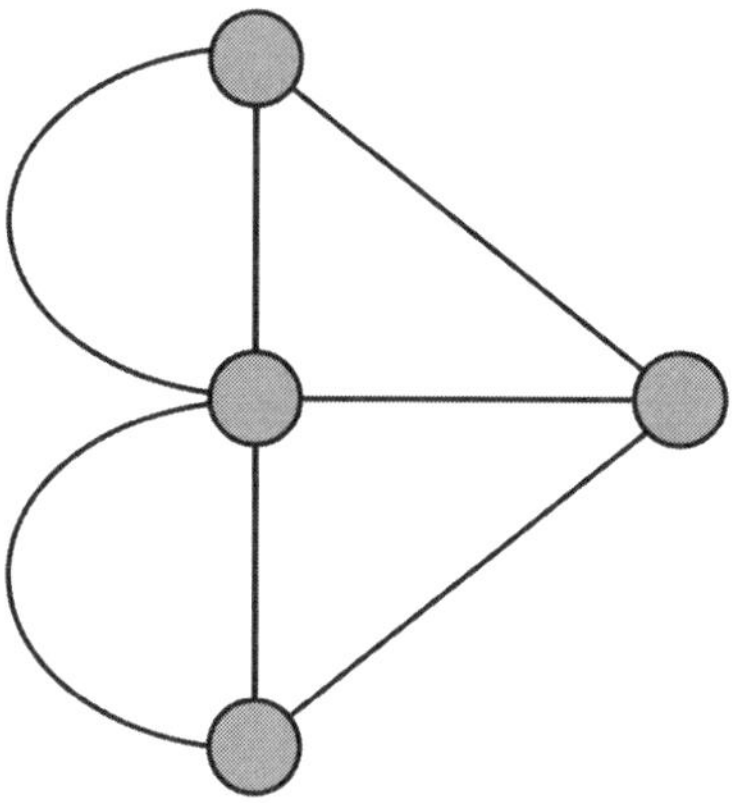

「ケーニヒスベルクの橋の問題」を表したグラフ

る。1周して元の位置に戻る（始点と終点が同じ）か、あるいは始点と終点が異なるルートか。すべての橋を1回だけ渡るという条件さえ守れば、どちらでもかまわない。1周するなら、その始点（であり終点）となる点には、少なくとも線が2本なければならない。同じ橋を2回渡ることはできないからだ。始点と終点が異なる場合は、少なくとも線が1本出ている円が2つ必要になる。始点から出発して橋を順番に渡り、最後の橋を渡って終点に到着するわけだ。

始点から終点へと向かう途中では、それまでに通っていない橋を渡りながら円から円へと移動する。つまり、中継点には2本の線が必要になる。

これらを考え合わせると、すべての橋を通る散策が可能な場合は2つしかない。1周するときは、グラフのどの円でも線は偶数本出ていなければならない。中継点ごとに2本、始点（終点）でも2本だ。始点と終点が異なるルートなら、途中にある円では偶数本の線が出ていなければならないが、始点と終点ではいずれも1本よぶんに必要なので、この2つの円では、線の数が奇数になる。

あまりイメージがわかなくても、かまわない。ここで重要なのは、橋を渡る散策ルートの問題は、奇数本の線を持つ円の数が最大2でなければ解決できないとオイラーが考え出したことだ。ところが、ケーニヒスベルクの中州と左右両岸を示す4つの円では、いずれも線の数が奇数になっている。つまり、すべての橋を1回だけ渡る散策ルートは存在しない。これがパズルの答えだ。どうがんばっても、めざすルートは見つけられないとわかったことにたいした意味はない。確率論の始まりは賭けゲームだったが、グラフ理論はこのパズルの研究から発展していく。オイラーは、パズルを円と直線を用いて抽象化し、問題を解きやすくすることに取り組んだ最初の人物だ。現代では、グーグルマップのルート検索など実際的な問題でも、このような抽象化が使われている。

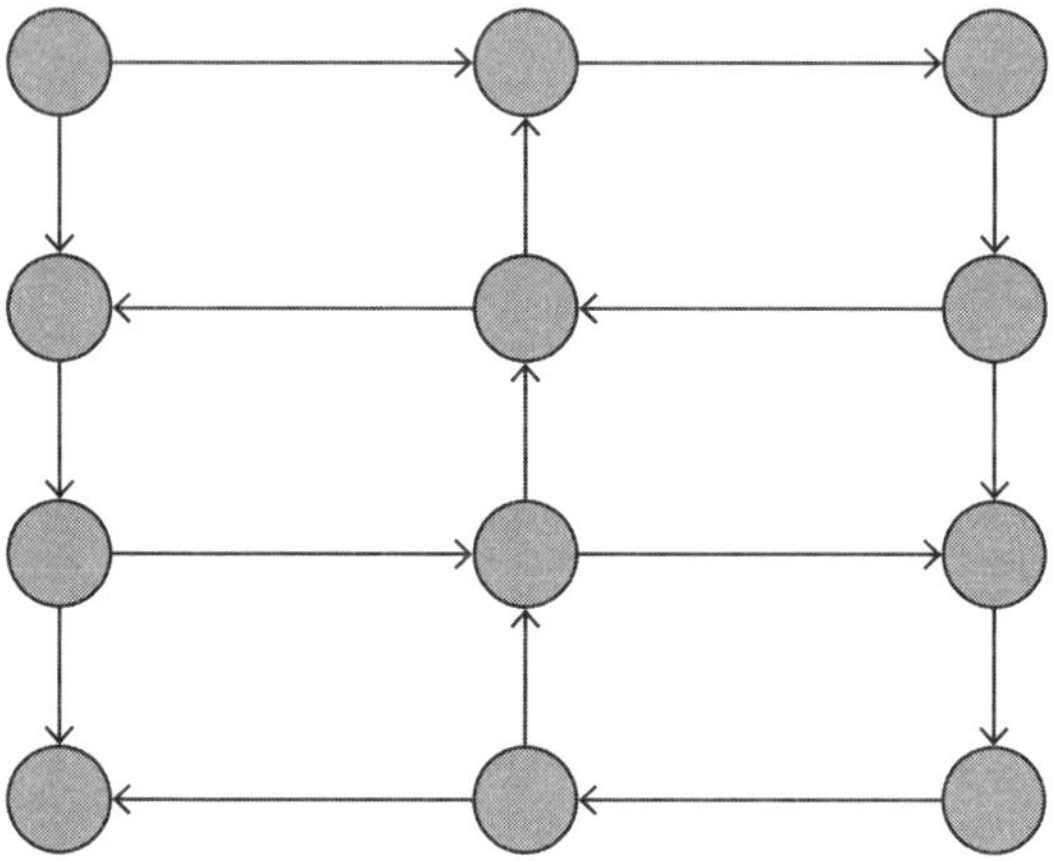

マンハッタンの市街地を表したグラフ

一方通行のルート

ケーニヒスベルクの橋の問題では、グラフの上下どちらの方向からでも橋を渡ることができた。しかし、一方通行など、移動する方向があらかじめ決まっている場合もある。こういうとき、線だけでは情報としてかならずしも十分ではなく、一方向にしか進めないことを矢印で示す必要がある。

マンハッタンがまさしくこのケースで、ほとんどすべての道が一方通行になっている。マンハッタンを車で走ることを数学的に検討するには、この事実を考慮しなければならない。グラフで表すと、上のようになる。

このグラフでは、円が交差点を、矢印が

一方通行の道を示す。たとえば、左列最下段の円からは抜けられない。この交差点からべつの方向に向かう矢印は出ていないからだ。ここで、左列を4つの交差点ごと消して中央列と右列だけのグラフを考えると、どこでも好きなところに移動できるようになり、すべての交差点を1回ずつ通って1周もできる。3列になると、1周はできない。左列と中央列では、それぞれの列内では上から下あるいは下から上に移動できても、そのあとで隣の列には行けないためだ。また、左列最上段の交差点にはどこからも行けないし、左列最下段の交差点からはどこにも移動できない。右列最上段と最下段の交差点では、この問題はない。かならず1周できるルートを見つける仕事なら、都市計画の専門家より数学者のほうが簡単にできる。その提案を活用すれば、専門家は実際の計画を効率よく検討できるだろう。

グーグルマップでも、グラフには矢印が必要だ。ルートを計算するうえで、ある道が一方通行かどうかは重要な情報だ。第1章でもふれたが、たとえば高速道路で上下線の一方だけが渋滞しているときは、その方向の所要時間だけを増やすことになる。

道路の方向（矢印）と所要時間（数値）は、データとしてグーグルマップにインプットされている。ルート計算にはこの2つの要素があれば十分で、実際の地図を見る必要はない。コンピューターは、可能なすべてのルートを所要時間が短い順に計算し、正しい目的地への最短ルートが見つかるまで探索と計算を繰り返す。時間ではなく、距離が最短となるルートでも同じで、それが決まったときには、距離は短いが目的地がちがう道路がすべて検討されている。このような計算は「ダイクストラのアルゴリズム（ダイクストラ法）」という名称でよく知られている。

次ページの図では、見やすくなるように、円でなくマス目を並べている。マス目のあいだには、上下左右に隣り合ったマスに向かう矢印があると考えてほしい。したがって、1マスあたりの矢印の数は4本である。このグラフでは、左下の星印から右上の×印に移動する最短ルートを見つけるためにダイクストラのアルゴリズムを用いたとしよう。移動については1つだけ制限があり、図中の濃いグレーのマスは通れない。数字が入っているマスは、そこに進むべきかどうかをアルゴリズムが検討したという意味だ。なお、数字はルートの長さを表し、求める最短ルートは薄い色で示した。

ダイクストラのアルゴリズムは、体系的に計算を処理している。コンピューターはまず、1マスの移動についてすべてのルートを検討する。図で数字の1が入っているマスのことだ。次に、アルゴリズムは2マスの距離の移動について、つまり数字の2が入っているマ

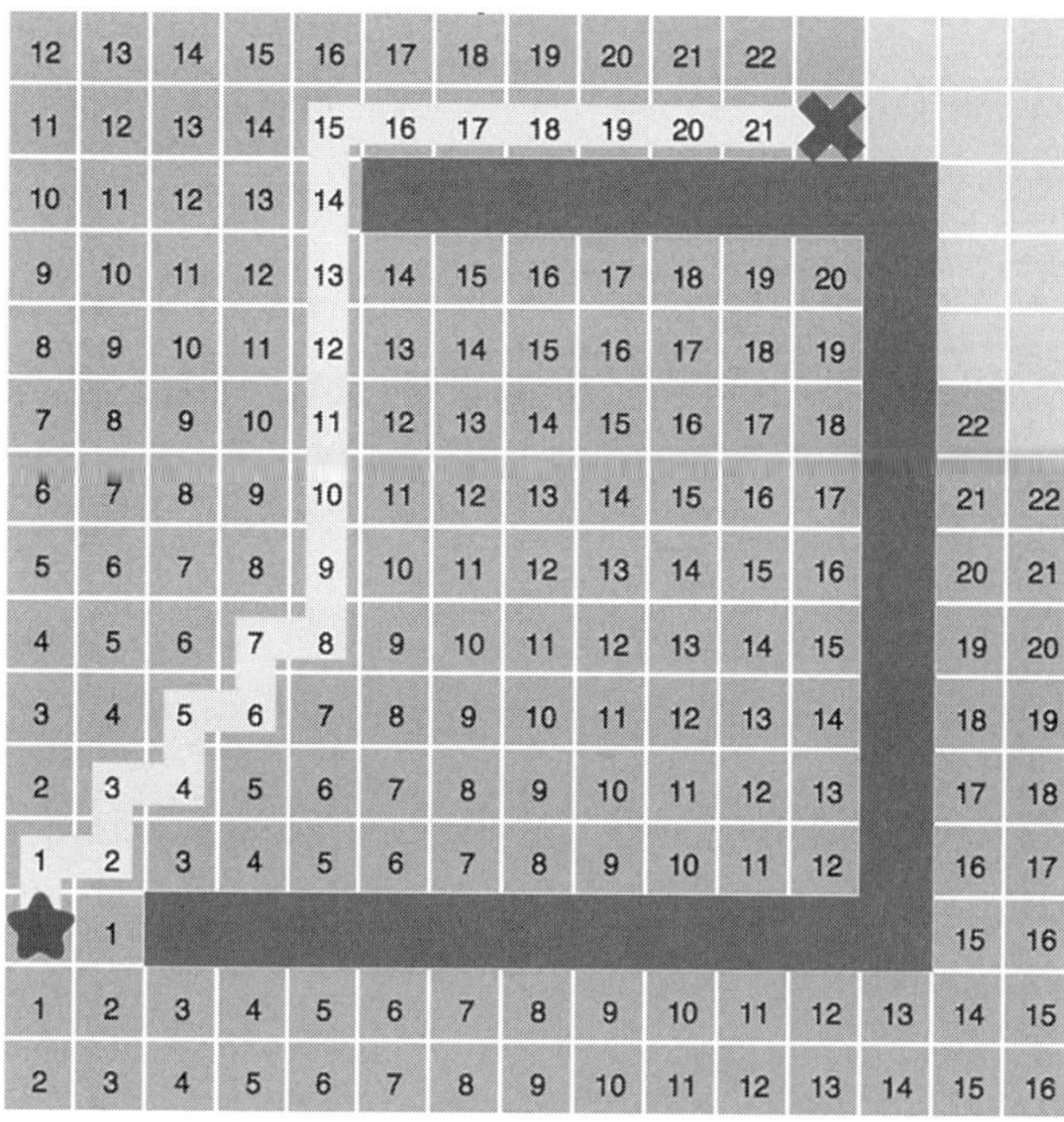

ダイクストラのアルゴリズムと、検討されたすべてのルート
どのルートも最大22回の移動で到達できる

スを目的地とするルートをすべて検討する。同様に3以降も計算を続け、アルゴリズムが×印に着く（22回の移動で到達できる）ルートを見つけるまでは時間がかかる。22回以下の移動で検討すべきルートがいくつもあるためだ。コンピューターはこれらの短いルートの計算をすべて実行する。目的地に到着しないルートでも計算が行われるのがダイクストラ法の弱点だ。結果として計算量が膨大になってしまう。

グーグルマップの最短ルート

ルートが多いほど、そして目的地が遠いほど、コンピューターが計算を処理する時間は長くなる。このため、グーグルマップではダイクストラのアルゴリズムを使っていない。実際のプログラムは企業秘密だが、ルート検索によく使われるテクニックは一般的に知られており、ある程度の推測はできる。現在、多くの企業が採用しているのはA*（エースター）アルゴリズムだ。ダイクストラ法に似たところがある方法で、可能な最短ルートをすべて探索するが、A*アルゴリズムではその計算にルートの距離に関する推定値が追加されている。

このような推定値の決定は難しくない。コンピューターはグラフ全体を把握しているわけではないが、それでも情報を少し与えればかなりの精度で予測はできる。たとえばグーグルマップでは、始点と終点を表す座標、つまりルートの両端の緯度と経度がわかっている。これを使えば、コンピューターはおおまかな値を予測できる。緯度1度あたりの距離は平均111キロメートル。だから2点間の緯度と経度の差がわかれば、そのあいだの距離と到着までにかかるおおよその時間も見積もることができるのだ。この推定には、道路の本数や制限速度、平均的な交通量などはまったく考慮されていない。グーグルではより実情に近い推定値が用いられているはずだ。正確にはわからないが、距離と時間とルートの計算の根底にある考えは、A*アルゴリズムと大きくはちがわないだろう。グーグルは、ルートの計算を始めるまえに、その所要時間を推測しているのだ。

A*アルゴリズムの特徴は、始点から移動した距離だけでなく、べつの要素を加えながらルートの探索を行うことだ。このアルゴリズムにおける最短ルートは、「現在位置までの距離」と「現在位置から目的地または終点までの推定値」の和で表される。コンピューターは、その和ができるだけ小さくなるようなルートだけを探索して数学的処理を行うので、処理量を大幅に減らせる。

A*アルゴリズムは、距離に関する推定値が実際の最短ルートを上回らない場合に、とりわけ有効な方法だ。A*アルゴリズムの短所は、（単純に座標の引き算をするのではなく、もっと複雑な手法を用いるなどして得た）推定値が最短距離よりも大きくなった場合に、コンピューターが最短ルートを見つけられるとはかぎらないことだ。適切でないルートだとはわからずに計算を行い、移動している途中でゴール地点に到着してしまうケースも起こりうる。

それでも、A*アルゴリズムはダイクストラ法よりも格段に優れている。距離が長いとき、A*アルゴリズムではコンピューターの計算量が圧倒的に少なくすむからだ。さらに、全体の処理スピードを上げるための数学的なトリックがいくつも使える。たとえば、ルートの計算を始点から終点に向かってだけではなく、「始点から終点」と「終点から始点」の双方向で同時に行える。こうすると、コンピューターは2つのルートがある地点で出会うまで、方向を切り替えながら処理を進める。まず始点からの1区分の計算を始め、次に終点からの1区分を計算、その後はまた始点からの計算に戻る方法だ。双方向でA*アルゴリズムを用いた処理、つまりゴール地点までの距離の推定値を加えた計算を行う。うまく処理できれば、コンピューター1台で北アメリカの道路ネットワーク全体を対象にして効率よくルートを設定することさえできる。

長距離を一瞬で検索する方法

ダイクストラ法とA*アルゴリズムの手法のちがいは大きい。これをわかりやすく示す実験がある。ある特定のバージョンのA*アルゴリズムを用いて行われたものだ。この実験では、北アメリカの道路ネットワークを2113万3774個の円とそれを結ぶ5352万3592本の線で構成した。ダイクストラ法を使った場合、ルートが見つかるまで探索した円の個数は平均して693万8720個。A*アルゴリズムで双方向の探索を行った場合、グラフの規模を小さくする前処理を行うと、16万2744個の円で最短ルートを見つけることができた。

この前処理は重要だ。現在この分野では次々と新しい工夫が生まれているが、よく使われる手法としては「ハイウェイヒエラルキー法」がある。たとえば、ヨーロッパの道路ネットワークを表したグラフには、本来は円が1800万個ある。しかし、この前処理でグラフを単純化すると、標準的なコンピューターでもミリ秒のスピードで最短ルートを計算できるようになる。ハイウェイヒエラルキー法の原理は、その名称に表れている。長距離の移動を考えるとき、いちばん短時間なのは高速道路《ハイウェイ》を通るルートだ。たとえばニューヨークからシカゴに向かうとして、一般道路しか通らなければ、高速道路を使う場合に比べてかなり時間がかかるにちがいない。だからコンピューターは、時間がかかりそうなルートは最初から検討しない。数学的には、単純にグラフから一般道路を取り除くだけだ。残しておきたい円と矢印は、出発地から高速道路までと高速道路から目的地までの一般道路、それから高速道路そのものということになる。

ただし、グラフのどの矢印が高速道路に相当するかをコンピューターは把握していない。そこで、どこにあるかわからない高速道路を特定するために数学を活用する。処理前のグラフで最短ルートに登場する回数の多い道路を計算するわけだ。住宅街を抜ける道が最短ルートに選ばれることはめったにないはずなので、コンピューターはそんな重要度の低い道路を除外していく。結果として重要な高速道路だけが残り、無数の円と矢印をグラフから消すことができる。このようにハイウェイヒエラルキー法を用いた処理を先にしておけば、ルートを計算するための円の数はずっと少なくなる。

したがって、ニューヨークからシカゴへのルートは次のように計算できる。双方向で処理を行うので、コンピューターはニューヨークの出発地からいちばん近い高速道路を探すと同時に、シカゴの目的地からいちばん近い高速道路も検索する。高速道路が見つかれば、コンピューターはそれ以外の道路は無視し、出発地と目的地からのルートが高速道路上のある地点で出合うまで計算を進める。あらかじめ高速道路がわかっているため、この処理はしやすい。

ようするに、かなりの長距離についてもわずかな時間でルート検索ができるのは、座標に基づく移動距離の推定や利用状況による幹線道路の特定など、さまざまな数学的な考え方が使われているおかげなのだ。

「最適な」検索結果とは？

グーグルマップはわかりやすい例だが、どこかに行く用事がないときも、グラフの出番はある。グーグルはネット検索にもグラフ理論を応用しているからだ。「はじめに」でもふれたが、グーグル以前の検索エンジンでは、検索に使っている当のエンジン名すらトップに表示されなかった。たとえばヤフーのサイトでＹａｈｏｏ！サイトを検索しても、上位には出てこなかったほどだ。

グーグルの創業者であるラリー・ペイジとセルゲイ・ブリンは、インターネットはひじょうに大きなグラフだと考え、重要度の高いウェブページを自動的に探し出すという問題を数学的に解決した。ウェブページはリンクで互いに参照されている。たとえばウィキペディアでは、リンクを経由して、あるページからべつのページにジャンプできる。たどり着く人が多いページは、重要度が高いとみなされ、検索結果の上位に表示される。グーグルは、インターネット上を頻繁に巡回し、ふつうの人がよくたどり着くのはどのページなのかについて情報収集を行っている。ビル・クリントンの写真しかないあやしげなウェブサイトよりも、ウィキペディアが検索上位にくることがずっと多い。

もちろんグーグルは、数学的な処理を行っている。ウェブサイトの重要度に関する判断の信頼性を高めるためだ。やみくもにインターネットを巡回するだけでは、どうでもいいページにひっかかるかもしれない。陰謀論に関するウェブサイトのグループが相互リンクを設置していても、情報源としてウィキペディアより重要度が高いということは純粋にありえない。グーグルの計算ではこのちがいも区別されるが、適当なネットサーフィンでは判別が難しく、こんなところから陰謀論にはまるケースも多い。

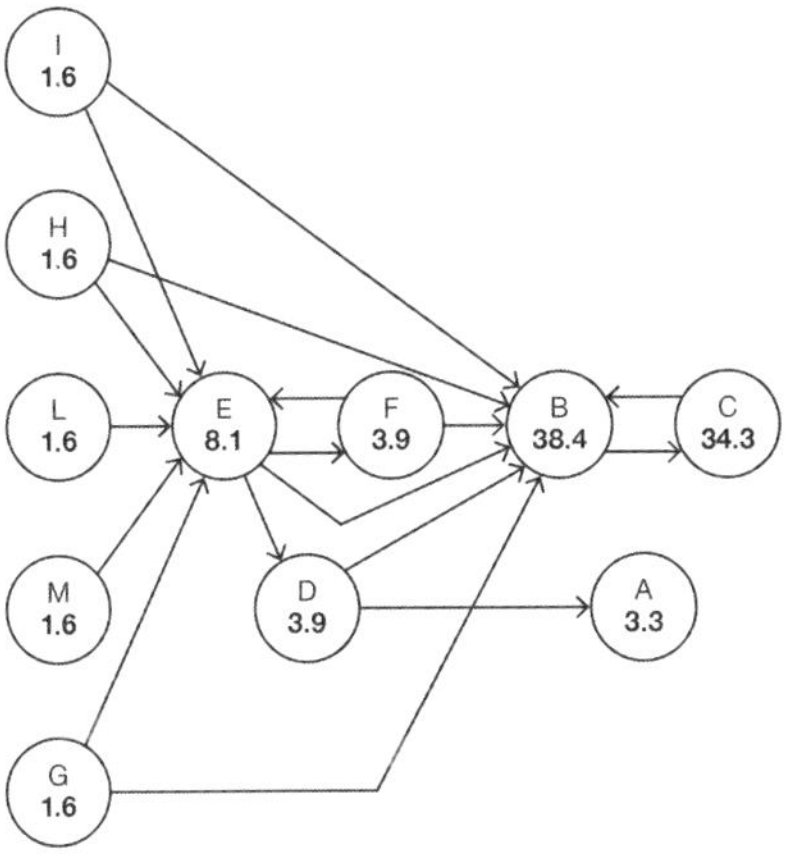

グーグルがとらえるインターネット

上のグラフが、インターネット全体を表していると想像してみよう。円の中にあるアルファベットは、ウェブページを意味している。たとえば、「B」はウィキペディア――信頼できる情報源で、ここを参照するサイトがたくさんある――のページを表す。アルファベットの下にある数字は、グーグルが判断した各ウェブページの重要度だ。これが、計算で求められるスコアになる。スコアが高ければ重要なウェブページ、低ければたどり着くのが難しいページを意味する。

このスコアのような数値を求めるには、実際にネットサーフィンで多くのウェブページを見ている状況を想像すればよい。

あるウェブページからべつのページへはリンクをクリックして飛ぶが、グラフではリンクは矢印で示される。ウェブページ「I」で読んだことをもっとくわしく知りたいので「E」に行ってみる、という具合だ。「E」からは、「F」を経由して「B」にたどり着く。このグラフでは、ほぼすべてのルートが「B」に通じている。したがって「B」、つまりウィキペディアのページのスコアはとても高くなる。こうして、わずか数ステップでウィキペディアのページにたどり着くわけだが、それにはしかるべき理由がある。

ここで、ウィキペディアにはさらにべつのページ「C」へのリンクがあり、引用元だと記載されている。ウィキペディアには批判が多いのも事実だが、最近の記事はこのように出典が示されているため、まずまず信頼できる。「C」のリンクを貼っているページはウィキペディア（B）の1つだけだ。「C」には高いスコアが与えられていて、たとえば同じくリンクが1つしかない「D」のスコアよりずっと高い。つまり、そのページを参照しているページの数だけでなく、リンクを貼っている元のページの重要度（信頼度）もあわせて判断されているわけだ。

わかりやすく言えば、ウェブページが2つあったとして、どちらを信頼するかということだ。1つはアメリカ同時多発テロ事件に関するウィキペディア、もう1つはこの事件をめぐる陰謀論だとする。グーグルのやり方に従うと、まず確認すべきはリンクの数だ。ウィキペディアへのリンク数はじつに多い。一方、陰謀論を広めようとする人々は、自分たちのサイトへのリンクを増やすために多額の投資をする。閲覧数のほとんどないあやしげなウェブサイトの多くが、同様にあやしい理論を展開するサイトへのリンクを貼るのはこういうわけだ。そのせいでウィキペディアの重要度は下がってしまうのかというと、そんなことはない。グーグルは、お金を払えば「9・11」の検索結果トップに陰謀論が表示できてしまうようなことなど望んでいない。ユーザーはもっとも信頼性の高い情報を探しているのであって、もっともお金のかかった情報ではない。特定のページを参照しているウェブサイトの重要度を考慮することで、グーグルはそのような事態が起こりにくくなるようにしている。いくらお金を積んでも、BBCに陰謀論のサイトへのリンクを貼らせることは不可能だ。したがって、グーグルにとっては、BBCのサイトは相互リンクを売り込むサイトよりも重要度が高くなる。

ただ、いまはインターネットをこんなふうには使わない。リンクをクリックして、立て続けにウェブサイトを50も見たのはいつのことだったたか。リンクをたどって目的のページに移動するのは手間がかかる。グーグルでも、つねにリンクを1つずつ順番にたどっていくのではなく、あるページに直接行く場合があることを理解している。たとえば、友だちの新しい投稿を見たくてウィキペディアからフェイスブックへ飛ぶとする。そんなときは、リンクを経由して10ステップ先のサイトに行くというようなやり方はせず、アドレスバーにフェイスブックと入力するだけだ。計算処理では、およそ6回に1回は直接目的のページに行くと想定されている。これはかならずしも実情を反映しているとは言えないが、リンクをたどらずにURLを直接打ち込む頻度を6回に1回とすれば、ウェブページの重要度について精度の高い計算ができることがわかっているためだ。

これは、数字を書き込む大きなパズルにすぎない。仮に「B」から「C」にたどり着いたとしよう。その場合、「C」のスコアは大きくなる。しかしそのあとで「B」に戻るなら、「B」のスコアも大きくならなければならない。「B」へのリンクのうち、ある1つのリンクで重要度が高まったからだ。すると今度は「C」のスコアもさらに大きくなり……と、全体のバランスがとれるまでこれが繰り返される。このスコアは無限に大きくなるわけではない。ある時点でスコアが変動しなくなることは数学的に証明できるが、グーグルはこの計算を通常50回行っている。つまり、グーグルの検索エンジンにひっかかるウェブページのひとつひとつに対して、50回もスコアを計算しているわけだ。そうしてようやくスコアが安定し、「B」と「C」の相互リンクのためにスコアが大きくなっていく状況はおさまる。

数学的な考え方としては次のようになる。基本的にはリンクを経由してグラフを探索するが、URLを入力して、リンクしていないウェブページに直接行くこともある。重要度が高いページとは、ほかの重要度の高い多くのページから参照されているページ、つまりネットサーフィン中にいきあたることが多いページということになる。この考え方はウェブページにかぎらず、ほかのところでも利用されている。たとえば、Netflixで「こちらもオススメ」にどの作品を選ぶかなど。次はそれについて見ていこう。

Netflixの「こちらもオススメ」とは？

Netflixが映画やドラマをユーザーにすすめる機能も、同じような計算に基づいている。Netflixのコンピューターは、おそらく「こちらもオススメ」を円で表したグラフを使っているのだろう。「こちらもオススメ」以外にも、ポスターを見かけたとか、友だちが熱く感想を語っていたなどの理由で、ユーザーはそれまでの傾向とはまったたく異なる作品を見ることもある。Ｎｅｔｆｌｉｘでは、ユーザーの好みを把握するために、個々のユーザーをいくつかのグループに振り分け、グループごとに「こちらもオススメ」を決めている。もとになっている技術は基本的にグーグルのものと同じだ。ここで、第１章で取りあげた例をもう一度使おう。〈アイアンマン〉を見たユーザーへの「こちらもオススメ」はどう決まるか、だ。

このときＮｅｔｆｌｉｘは、ほかのユーザーについてのデータを活用する。ある映画のあとでどんな作品が見られているかを分析し、たとえば〈アイアンマン〉のあとで〈アイアンマン２〉も見たユーザー数を割り出す。そしてその数が大きければ「こちらもオススメ」に適した作品となり、〈アイアンマン２〉の「マッチ度」（これまでに見た作品の傾向と一致する度合い）は高くなる。一方、〈ブループラネット〉のマッチ度はそこまで高くならない。アクション映画と自然ドキュメンタリーの両方を見るユーザーはかなり少ないからだ。

数学的な処理は、Ｎｅｔｆｌｉｘとグーグルにほとんど変わりはない。Ｎｅｔｆｌｉｘのアルゴリズムは人間の行動パターンを模倣したもので、同じような好みの人がたくさん見た作品ほど「こちらもオススメ」に選ばれやすい。グーグルでも、重要なページから数多く参照されているページほど重要度が高いとされる。Ｎｅｔｆｌｉｘでは、ユーザーがこれまでに見て気に入った作品と似た要素が多い映画ほどマッチ度が高くなるが、これはウェブページ間のリンクのような関係とみなせる。たまには、まったく異なる傾向の作品を見たくなることもあるだろう。そんなときは、「こちらもオススメ」同士を結ぶ線に沿った処理ではなく、グラフ上である円（作品）からべつの円にいきなり飛んだものとして計算が行われる。

インターネットで重要度の高い情報を見つけるために開発された数学の手法は、このようにユーザーの好みに一致する映画やドラマを選ぶためにも活用されている。どちらの処理を行うにも、相当な計算力が必要だ。Ｎｅｔｆｌｉｘの場合は、視聴できる映画やドラマのすべてにスコアが与えられなければならない。このスコアは、グーグルの例のように何度も計算を繰り返して求めるのだが、ユーザーごとに処理する必要がある。その結果、Ｎｅｔｆｌｉｘでは、ひとりひとりにカスタマイズされたコンテンツが表示されるとのふれこみだ。

とはいえ、Ｎｅｔｆｌｉｘは、「これまで見てきた作品とはちがうジャンルだが最高のお気に入り」を選び出すことはできない。思いがけない出会いのきっかけは作れないのだ。見たことのある映画と共通点の多い作品をもとに計算が進められ、見たことはないけれど好きになりそうな作品は無視される。コンピューターに映画の内容はわからない以上、そういう作品は数学的に導けないからだ。

治療効果の予測

グラフ理論の強みに注目しているのは、大手のインターネット企業ばかりではない。医療機関でもグラフが活用されはじめている。ここでは、がんに対する特定の治療について、その効果を推測する例をあげよう。患者によって治療効果に差があるのは、遺伝子がちがうことも一因だ。グーグルやNetflixで使われている計算をもとに、治療効果のちがいをかなり正確に予測できることがわかっている。グラフ理論を応用することにより、予測精度は60パーセント程度から72パーセントに向上したという報告もある。

遺伝子の小さなグループの単位で予測を行うことは昔から行われている。ただし、数学を活用するまえは、遺伝子グループの選択は研究者が各自で判断していたため、研究者のあいだで統一がとれないこともよくあった。またどの遺伝子の重要度が高いかも、正確に把握されていなかった。重要な遺伝子はたくさんあるので、その概要を把握するだけでも難しい。さらにやっかいなのは、研究者が追跡したいのは治療によって発現が変化する遺伝子だということだ。しかし、遺伝子はときに、自身はとくに変化しなくても、ほかの遺伝子に影響を及ぼすことがある。見た目で判断できないとなると、「重要度の高い」遺伝子を見つけ出すのはいっそう難しい。

膨大な情報のなかから重要なものを探し出す――まさにグーグルとNetflixがやっていることだ。こうして、ある研究グループがグーグルで使われているような計算処理を遺伝子にも応用することを考えついた。ここで用いられるグラフは、遺伝子の発現の変化に関するさまざまな実験のデータに基づく。実験から得られた情報（ある遺伝子がどのように変化するか、互いに影響を及ぼし合う遺伝子はどれかなど）をすべてまとめて1つのグラフで表すが、このグラフで2つの円（遺伝子）を結ぶ線は、一方の遺伝子がもう一方の遺伝子に及ぼす影響の大きさを示す。

ここからの計算は、グーグルやNetflixとは少しちがう。処理を始めるにあたって、すべての遺伝子に同じスコアを割り振るのではなく、患者の生存率と遺伝子の関係を調べた別の研究をもとに、スコアを決めるのだ。ある遺伝子のはたらきがひじょうに活発であれば、がんの抑制に役立つ可能性がある。そこでその遺伝子には最初から高いスコアが割り振られる。医師がこの遺伝子に注目することは重要というわけだ。スコアが決まれば、以降の手順はまったく同じ。コンピューターがグラフ上で遺伝子からべつの遺伝子へと順に移動し、複数の遺伝子が互いに影響を及ぼし合うことを考慮すると、スコアがどのように変化するかを計算していく。

スコアの計算を何度も繰り返すことで、患者の生存率と治療への反応に関して重要度の高い遺伝子、つまり、がん治療で注目すべき遺伝子が選び出される。このように、アルゴリズムを用いた処理によって、遺伝子に関するあらゆる情報が短時間で網羅的に整理できる。もともとそのために開発されたものではないにしろ、こうして数学は医療にも役立てられているのだ。

フェイスブックの表示広告

最後の例として、フェイスブックを取りあげよう。ここでもグラフ理論を用いた計算処理が行われている。ただしその目的は情報を整理することではなく、計算で友だちを特定することだ。

フェイスブックはだれとだれが友だちであるかを知っている。そのグラフは、フェイスブックの個々のユーザーとその友だち関係を示す、とてつもなく大きなものだ。あるユーザーからグラフをたどっていくことで、フェイスブックはそのユーザーが実際に顔を合わせると思われる人物を特定できる。共通の友だちが多ければ、きっとパーティーなどで会うだろう。自分の友だちと共通の友だちがいる人ともどこかで会うはずだ。「自分の友だちの友だちのそのまた友だち」という分類に20人くらいあてはまるとしよう。その場合、自分の友だち経由で、その「友だちの友だち」に出会うかもしれない。つまり、フェイスブックでは、ユーザーがだれと知り合いかを把握しているだけではなく、知り合いになりそうな人も予測できるのだ。

もっとも、フェイスブックがユーザーについて知っているほかのことに比べれば、この程度の情報把握はまったく心配には及ばない。ユーザーに関してはもちろん、アカウントを作ったこともない人々まで、だれに電話をかけるか、どんなウェブサイトを検索するかなど、フェイスブックが収集しようとねらっているデータがいかに膨大であるかを示す事実はいくつも明らかになっている。すべてグラフを使って分析するためだ。ただし、ここでは「ニューラルネットワーク」と呼ばれるものが使われる。ニューラルネットワークとは、音声認識から迷惑メールフィルター、医療診断までを可能にする技術で、ＡＩ（人工知能）のほぼ全域で採用されている。広告配信の最適化もこの種のネットワークを用いて行われていて、たとえばフェイスブックは、「１８０日以内にマツダ車を購入しそうなユーザー」といった広告カテゴリを設定できる。

なぜフェイスブックに車を購入することがわかるのだろうか。ユーザーがまだ決断していなくても、ニューラルネットワークで膨大な量のデータを処理すれば結果が出るのだ。これまで見てきた例では、グラフ上の円に入る数値（重要度）を計算していたが、ニューラルネットワークではそれ以上のことができる。人間の脳のしくみを模倣できるのだ。神経細胞《ニューロン》は互いに連結され信号を伝達するが、ニューラルネットワークではニューロンの代わりに、グラフ上の矢印を経由して数値をやりとりする円を想定する。一方の側にデータを入れると、もう一方の側に予測値が出力される。ある特定のユーザーに関する情報を入力して、そのユーザーに最適の広告カテゴリを表示することもできる。ここでのグラフは、適切な数値を求めればよいという不変のパズルではなく、つねに変化を続ける動的なシステムだ。これを使えば、思ってもみなかったことについての予測が可能になる。

ニューラルネットワークは、次ページの図に示すように実質的にはグラフである。ただ

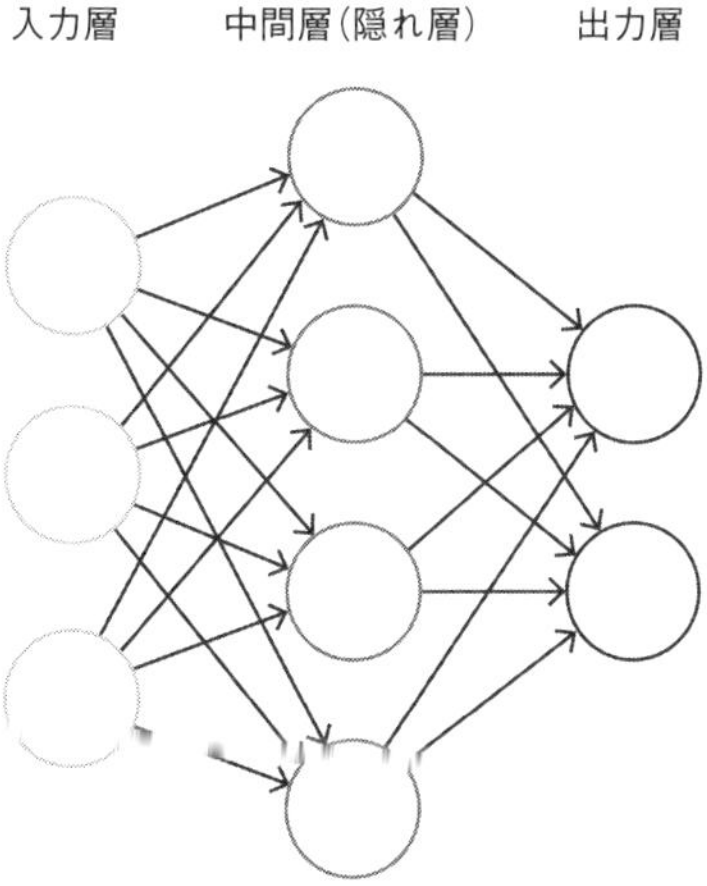

ニューラルネットワークの構造

し、ここでは円の役割がちがう。左側の列は「入力層」と呼ばれる。ここには、脳の場合と同じように情報（データ）が入る。たとえばだれかの顔写真の情報が、「０」と「１」に変換されて入ってくる。この数字、つまりデータは、図の中央の層で処理される。円が縦に４つ並んでいるところだ。この「中間層（隠れ層）」では数値が変化する。たとえば入力層のいちばん上の円の値が「１」であっても、そこから出ている矢印にすべてを半分にする機能があれば、中間層のいちばん上の円には「０・５」が入る。脳内にあるニューロン間の結合の強さはどれも同じではなく、結合が強く情報が伝わりやすいニューロンとそうでないニューロンがあるが、グラフの矢印もそれと同じように数値を調整する。アルゴリズムはグラフによって脳のはたらきを模倣しているわけだ。

入力されたデータは、矢印で結ばれた中間層の円をいくつも経由するあいだに変化し、最終的な値が右側の列に書き出される。これが「出力層」だ。入力データが顔写真の場合、出力層の2つの円は、2つの質問（上／男性の写真か、下／女性の写真か）を表すと想定できる。コンピューターが男性の写真だと判断すれば、上の円（男性）に1、下の円（女性）に0が入る。コンピューターがどのようにこの推測を行うのか、つまり出力層に値が書き出されるまでのあいだに入力データが変換されていく正確な手順については、わからないケースが多い。

たいていの場合、中間層の処理はコンピューターが勝手に決めている。コンピューターはまず、「訓練フェーズ」で問題を解決しながらグラフを調整する。このフェーズで、コンピューターは正解がわかっている写真を使って何度も練習を繰り返しながら正答率を上げていく。よくコンピューターが「学習する」と言われるのはこのことだ。こうして、円同士の結びつきの強さ、つまり矢印の数値を変えていく。たとえば、入力層のいちばん上の円の入力データが髪の毛の長さを表しているとき、初めのうちは重要度がそれほどでもないとみなせば、その円の中の数値は計算にさほど影響を及ぼさない。したがって、左上の円から出る矢印にはいずれも小さい数値が与えられる。訓練をしていくなかで、髪の長さがかなり重要だとコンピューターが気づけば、「髪の毛の長さ」の円から出る矢印の数値は少しずつ大きくなっていくはずだ。

このためには大量のデータが必要だ。顔認識であれば、性別が明らかな顔写真がそれこそ何十万枚と用意される。コンピューターは出たとこ勝負で始める。1枚目の写真ではまだ何も認識できないが、最終的な結果は出力され、それが正解と比較される。そしてこの比較の結果から、次の写真に移るまえに、コンピューターは数値を多少修正する。このプロセスを何度も繰り返せば、そのうちにほぼ毎回正しい答えを出せるようになる。

ボードゲームの一種である囲碁では、人間と対局して勝てるようなプログラムは現れないと長らく考えられていた。しかし、コンピューターは世界トップの棋士に勝つことに成功している。巨大なグラフを用いて、自分自身との対局を何百万回と繰り返し、勝敗が決まるたびにグラフを調整した。この結果コンピューターは、囲碁のルールだけでなく、できるだけよい手を打つ方法も学習した。近ごろこの学習は一段とスピードアップし、コンピューターはわずか3日の学習時間で世界最強の棋士に勝てるほどにまでなっている。

人間がプログラムを作らなくても、コンピューターが自ら学習し、判断をくだす。フェイスブックに「マツダ車を購入しそう」なユーザーがわかるのは、この技術を使っているからだ。犯罪者やテロリストの追跡に役立つという意見もある。中国ではこれに基づく社会信用《ソーシャルクレジット》システムの導入をめざしており、実現すれば国民ひとりひとりに各自の行動に応じた信用スコアが与えられるという。社会的影響が懸念される例はほかにもいろいろあり、たとえば顔写真からその人の性的指向を判定することもできる。この技術はまだ完璧なものではないが、推測は可能であり、悪用される危険性もある。

ケンブリッジ・アナリティカ（ＣＡ）社をめぐるスキャンダルは悪用例だ。イギリスとアメリカに事務所を置いていたこのデータ企業は、フェイスブックから収集したデータを有権者の政治傾向を推測するために利用し、さらに特定の集団に対してもっとも効果的なメッセージはどのようなものかも予想していた。そしてこの解析結果は、「トランプに投票するよう有権者をどう説得するか」という具体的な戦略のために使われたのだった。このことが実際の投票行為にどれだけの影響を及ぼしたのかは明らかではない。同社は２０１６年のアメリカ大統領予備選に立候補していた共和党のテッド・クルーズの選挙運動にもかかわったが、クルーズは結局トランプに敗れて撤退した。はっきりしているのは、同社はこれらのデータをけっして入手してはならなかったということ、そしてそのデータを使えば——グラフ理論のおかげで——恐ろしいほど多くのことが可能になるということだ。

ユーザーに「適切な」情報とは？

このように、グラフはあらゆる場面で使われているが、統計学と異なり、グラフ自体が表に出ることはない。そして微積分と同様に、ナビゲーションシステム、グーグルやＮｅｔｆｌｉｘは、グラフ理論を知らなくても問題なく使える。それでも、グラフの使われ方によっては、日々の生活に大きな影響が及ぶかもしれない以上、どう使うのが妥当かを理解しておくべきだ。

本章で最初に取りあげたのは「適切な」使い方だ。グーグルマップは目的地まで最短時間で移動できるルートを計算する。グラフが使われているためにだれかの人生が大きく変わるわけではない。微積分と同じで、いくつかのことが簡単になる程度だ。グーグルマップがあれば、自分で地図を読まなくても（読めなくても）行きたいところに行ける。できるだけ短時間で目的地に着きたいのはだれでも同じだろう。グラフ理論でより簡単に処理できるなら、使うに越したことはないし、ユーザーとしてはルート検索にグラフ理論が使われていることはべつに知らなくてもかまわない。

一方、グーグルやフェイスブックなどの企業や組織・機関が、ニューラルネットワーク経由で情報を収集したり、判断をくだしたりする目的でグラフ理論を使うとなると、話がまったくちがってくる。こんなときには、グラフ理論について多少の知識があれば助けになるはずだ。たとえば、ある情報機関が急に膨大な個人情報へのアクセスを要求しはじめたとしたらどうだろう。そのデータを何に使うのか、データから何を知りたいのか。人間が監視できるのはどの段階か、監視が機能しなければ何が起こるのか。グラフ理論のことを何も知らなければ、実質的な悪用防止の対策はとれないのではないだろうか。

グーグルやフェイスブックなどでユーザーがいわば「泡《バブル》」に包まれ、自分の意見を裏づける情報が優先して表示されるような状態になることを「フィルターバブル」という。この結果、対立する情報から隔離されてしまうおそれがある。ユーザーは、自分とは正反対の意見もふくめ、幅広い考え方に接することを意識しなければならないが、企業の側もこの問題に対処すべきではないだろうか。さまざまな意見や視点のすべてにアクセスできるのは彼らのほうだ。どんな情報もオンラインで提供されているというなら、なぜユーザーに「見えない」情報があるのだろう。「反対意見も受け取り希望」という設定はないのか。じつは、数学だけでこの状況は解決できない。「ほんの少し」アルゴリズムを修正して、ユーザーが関心のあるテーマについて、否定的な意見もふくめ幅広い情報を表示するようにはできないのだ。

　ここまで見てきたように、グーグルとフェイスブックは、重要度の高い情報とは、簡単に見つかり、ユーザーが検索したいことにもっとも近い情報であるという判断基準を用いている。Ｎｅｔｆｌｉｘは、ユーザーの視聴傾向からは大きくはずれるが、気に入りそうな作品を「こちらもオススメ」に表示できない。それと同じように、グーグルでは検索された単語をふくまない情報は表示されにくい。フェイクニュースのフィルタリングは簡単なことのように思えるが、実現はやっかいだ。数学の計算はウェブサイトの情報を「吟《ぎん》味《み》」しているわけではないからだ。もちろん研究は進められているが、いますぐ実現するのは難しい。

　フェイクニュース、プライバシーをめぐる懸念、ＡＩに対する不安は、大きな社会問題となっている。そのいずれもが、グラフ理論の可能性と限界に関係している。だからこそ、グラフ理論の一部でも理解しておくことは重要だ。社会の大きな課題について自分の考えをまとめるには、まず問題の概要を把握し、解決策の可能性を検討することから始めるべきだ。このときにグラフ理論を避けて通ることはできない。

8

数学は役に立つ

——身のまわりの世界を理解するために

ここまで見てきたところであらためて言うが、数学は役に立つ。ふだんの生活でも、そうとは気づかずに数学に助けられていることは多い。では、抽象的な学問である数学は、どのように僕たちの日常にかかわっているのだろう。

このような問いに対しては、数学をできるだけ単純にとらえるとよい。たとえば、「数はどのくらい便利なものか」について考えてみよう。人間は、量を正確に記録するために数を使いはじめた。数にはそれに適した構造が備わっているからだ。

正の整数（自然数）は、かなり特殊な存在だ。「1」から始まり、同じ大きさの数（1）を繰り返し加えていくことで作られる。「2」は「3」のまえで、かつ「1」のあとになる。ものの個数を数えるときには、この形式が使われる。パンであろうと、あるいはヒツジや硬貨であろうと、数によって順番を示すことで、数えられているものを区別できる。

しかし、このやり方で数えられないものもある。工事現場に砂山を1つ作り、その右側にもう1つ山を作ったが、2つめの山が少しくずれて2つの境目がわからなくなったとする。これは1+1=1になったわけではない。2つの砂山を区別して数えられないので、自然数による数え方が使えないだけだ。砂を数えたければ、たとえば体積の単位「リットル」を使えばよい。どちらかの山がくずれていても、すべての砂が1つの山にまとまっていても、「2リットル」と言える。形式さえ決まれば、数を使って量を記録できる。

人は数によって量を対象化し、現実の世界を認識する。つまり数には、あるもの（現象）の特定の性質に注目し、それ以外の性質を無視させるようなはたらきがあるのだ。

数学は現象を簡略化するので、かならずしも現実にそっくりなモデルが得られるわけではない。量について考えるときは、何を数えているか（パン、ヒツジ、砂など）にさえ気をつけていれば、数は目の前の現象にぴったり一致する。ところが、少し複雑な現象を数学的にとらえようとすると、モデルで示されるものと現実はうまく一致しなくなっていく。

たとえば、典型的な物理の問題で、「ある人が城をめがけて大砲を発射した。砲弾はどこに落ちるか」というものがあるが、これを計算すると正負2つの答えが出る。大砲の位置から、「100メートル前方」と「100メートル後方」といった具合だ。ここで、砲弾がうしろに飛ばないことはわかりきっているので、現実に合う「100メートル前方」という答えが選択できる。

数学は、ともすれば見逃されがちな身のまわりの世界の構造に僕たちの関心を向けさせる。数学を用いることで、本来の問題に集中しやすくなるのだ。

不確実なものを確実にとらえる

数学者が、実用性を念頭において研究することはあまりない。だから、数学がこんなにも便利なものであることは、ほとんど偶然のように思える。ただ、数と幾何学に関しては少し事情がちがう。第4章で見たように、生活集団の規模が大きくなるにつれて行政上の問題が発生した。都市国家では、徴税や食料の管理、将来の計画策定を、それまでよりも効率的な方法で行う必要に迫られた。そこで重宝されたのが「数」だった。

メソポタミアで使われた計算石は、量を明らかにしたいものと同じだけの石を取り分けて記録する道具だった。のちに、計算石に代わって粘土板に記号が刻まれるようになる。たくさんの石より、このほうが運ぶのも楽だった。人間が数を使いはじめたのは、そのことにメリットがあったからだ。最初期の計算問題はあくまでも実地に即したもので、その意味ではけっして偶然ではなかった。数学の役目はやっかいな問題の解決法を示すことだったのだ。

だが、数学はあくまで生活に根ざしたものという見方は、数世紀後にはあいまいになっていく。複数の文明において、数学者は実用にならない問題にも取り組みはじめたが、それはむしろ自分の名声を高めるためだった。これはいまでも変わらない。現代の社会で何より尊敬を集めているのは、そんな「役に立たない」数学を研究する人びとなのだ。古代ギリシャでもっとも偉大な数学者といえば、ピタゴラスだ。トンネルを作ったエウパリノスのことなど、だれも知らない。

数学に取り組むことが威信につながったどうかはともかく、その成果がさまざまな場面で役に立っていることは事実だ。ピタゴラスの定理は、直角三角形かどうかを調べるのに便利な方法だ。またアルキメデスが発見・発明した法則は、大部分がそのまま使われている。ところが実際には、より複雑な数学（微積分や確率論、グラフ理論など）でも、応用例は数えきれないほど存在する。しかも歴史を注意深く調べてみると、これらの数学の多くは偶然の産物ではない。

たとえば、微積分はさまざまな分野で活用されることになったわけだが、それは「変化を調べる」という微積分の原理の基盤がきわめてわかりやすかったからだ。変化するものは身のまわりにいくらでもある。確率論は、世論調査や犯罪率、病気にかかることとは一見何の関係もなさそうだが、じつはそのすべてと間接的なつながりがある。数学者がめざしたのは、はっきりとはわからないものを計算する方法を考え出すこと。つまり不確実性をいかに確実に把握するかなのだ。

不確実性を計算する方法がわかれば、身のまわりの世界を調べるときにも使える。とはいえ、すぐに確率論を応用できたわけではなく、精度がある程度保証された世論調査を実施できるようになるまでには、何世紀もかかった。強調したいのは、このような応用は意図せずに生まれたものではなかったということだ。不確実性に関心を抱き、問題に取り組んだ数学者の成果が、身のまわりにある不確実な事象を検討するために使われるようになった。確率論の研究が現実の世界と接点を持つ可能性は、最初からあったのだ。

これは、グラフ理論についてもあてはまる。オイラーがこの分野の研究を始めるきっかけとなったのは、「ケーニヒスベルクの7つの橋」というパズルの問題だったが、研究対象は複数の点同士を結びつける方法、いまの言葉で言えば「ネットワーク」だった。この種のネットワークは現実にも多く存在する。

現在では、ネットワークの考え方はあらゆるところで用いられている。ソーシャルネットワークはわかりやすい例だが、ほかにも交通網や映画・ドラマの配信のしくみ、遺伝子の研究など、さまざまな応用例がある。

数学者による抽象的な研究は、日常的なできごとに触発されて始まったものが多い。そうして発展した数学が、身のまわりの世界を理解するために使われるようになるのも偶然ではなく、十分な根拠があってのことなのだ。

結論——人生のなかで数学はとても役に立つ

ここまで、「数学はなぜ役に立つのか」「数学が役に立つのは偶然か」について説明してきた。では、僕たちはなぜ、数学を「役に立つように」使いたいのだろうか。数学を使うと、問題の見通しがよくなる。先にも述べたが、現実の世界と数学的な構造の類似性を手がかりに、細部にとらわれずに問題を把握できる。

本書であつかった数学は、ほとんどがこのタイプだ。しかし、数学はまったくべつのかたちで役に立つこともある。それは、まだだれも知らない答えを示唆できることだ。物理学の領域では、おどろくべき発見が数学によってもたらされる例が頻繁に見られる。

物理学者のディラックとフレネルの場合は、計算結果のおかしな点に気がついたことが新しい理論の発見につながった。大砲の弾の問題のように、物理的にありえない結果が導き出されたのだ。2人の科学者を悩ませた事象は、従来の解釈では説明できないものだったが、のちに計算が正しいことがわかった。数学は現実と意外に一致していて、人間がまだ理解していない事実を照らし出すことがあるのだ。

正直なところ、数学がなぜこれほどうまく機能するのか、よくはわからない。思いがけない計算の結果が新しい発見につながるとき、何が起きているのか。そのしくみはまだ謎に包まれているが、真相が明らかにされたとしても、数学が特別なものであることに変わりはない。

ふつうの人は、偉大な数学的予想を立てられるほど、数学に集中することはないだろう。数学は身のまわりの世界を理解しやすくしてくれ、実生活で役に立つが、だからといって、自ら進んで数学を使う必要はない。それならなぜ僕はここまで、数学について多少の知識を持っておくべきだと繰り返し主張してきたのだろうか。

僕たちが間接的ながら毎日のようにふれているものは、数学だけではない。たとえば、自動車のエンジンや政治。車が存在しなかったら、人の移動はもちろん製品の輸送もかなり難しいだろう。政治も似ていて、直接関与することはないにしても、政治的な判断や決定は個人ひとりひとりにとって重要だ。このように、エンジンと政治は、いずれも（間接的に）重大な影響を人々の暮らしに及ぼしている。だからといって、両方のしくみを理解しておくべきなのだろうか。

エンジンから考えよう。ドライバーにとって、エンジンの構造はどうでもよい。エンジンがきちんと動くことが肝心で、たとえばガソリンエンジンから電気モーターへの切り替えが進んだとしても、日常生活にはまず影響はない。

しかし、政治における変化となると、状況はちがってくる。民主主義から独裁体制への移行は、見えないところで起きることではない。あらたな法律の施行や改正も日々の生活に影響を与える。たとえ自分は無関係でも、政治のあり方を知っておくことには大きな意味がある。

数学でも、同じような見方ができる。もっとも数学は分野によってちがいがあり、集合論など理論的な性格が強いものは、日常生活とのつながりはほぼゼロだ。だから本書でもこの分野は取りあげなかった。微積分はひじょうに重要だが、どちらかと言えば政治よりもエンジンに似たタイプだろう。変化を計算する方法が新しく発見されたら、微積分から乗り換えても問題はない。実際のところ、微積分の計算にはいくつかの方法が存在するし、そのどれを使ってもかまわない。結果から導かれる天気予報や建物の構造、選挙公約の経済効果予測に差はないからだ。大事なのは、その手法が「どのように」機能するかではなく、「うまく」機能することである。

とはいえ、微積分はさまざまな場面で使われているので、理解しておいて損はない。しかも、微積分は現代社会の進歩に重要な役割を果たしてきた。身のまわりの世界がどうやって成立したのかを知っておくことは悪くない。そうすることで、社会に対するよりよい視点が得られるからだ。微積分もその流れでとらえられる。ニュートンとライプニッツの着想が、歴史に与えた影響はとても大きい。計算が毎日の生活に直接大きな影響を及ぼすわけではないにしても、微積分を勉強するのは理にかなっている。

一方、統計学の計算は、日々の暮らしに見えるところで大きな影響を及ぼしている。平均所得の上昇とひとくちに言っても、計算方法によって結果は大きく異なり、人々が社会に対して抱くイメージはその結果に左右される。同じことは、世論調査や男女間の賃金格差に関するデータ、科学研究の結果についてもあてはまる。大量のデータをわかりやすく整理したり、見落としがちな関係性を浮かび上がらせたりできるという点で、統計学はきわめて役に立つ。問題は、その処理がいつも適切に行われるわけではないことだ。統計データを使って（あるいは操作して）、世界の印象を簡単にゆがめることもできる。

どの手法で分析を行うか、調査をどう実施するか、平均値は何に基づいているかといったことは、すべて最終的に公表されるデータにかかわってくることであり、個人が世界観を描くうえで大きな影響力を持っている。自分の意見を持てるようになるには、データを批判的に検討できなければならない。これは、政治を批判的にとらえ、政治家の発言をうのみにしない態度をとるのと同じだ。自分で計算しなくても、まちがいに気づけるようになるためには数学の知識が欠かせない。

そして最後は、グラフ理論だ。グーグルやフェイスブックをはじめとするインターネット企業では、表示される情報を決めるためにグラフ理論を使っている。このことを考えれば、グラフ理論も人々の生活にきわめて（そしてますます）大きな影響を及ぼしていると言える。その影響は統計学よりもさらに広範囲にわたり、たとえばグーグルがグラフの使い方を変えれば、表示される情報がまったくちがうものになる可能性がある。さらに、誤った情報を信じたり、自分とは立場が異なる人の意見や情報が表示されにくい、フィルターバブルと呼ばれる問題も起きている。「泡《バブル》」とは、同じような考えの持ち主ばかりが交流する環境のことだ。

　グラフ理論では、グーグルのようなウェブサイトのユーザーがどのようにして情報にたどり着くのかを示すことができる。ユーザーは特定の情報へのアクセスと引き換えに、個人にかかわる情報を提供しているが、それがどうあつかわれるかを把握しておくことは、グラフ理論の基本の理解と同じくらい重要だ。収集された個人情報で何ができるか、管理・監督はどこで行われているか、自動化されている部分はどこかなど、多くの懸念がある。ＡＩの可能性と危険性にかかわる問題だが、きちんと理解するためには、ここでも数学が必要になる。

　だからといって、ニュースに出てきた数値を詳細に確認し、ＡＩの最新動向をすべて把握する必要はない。基本的なしくみを理解するだけでも、世界の見え方はかなり変わるだろう。研究やアンケートの結果に引っかかるところがあれば、もととなる数値を批判的に見直してみるとよい。あるいは、当局や企業としてどこまで個人にかかわるデータを収集すべきか、意見交換をしてみてはどうだろう。数学を身につければ、集められたデータで何が行われているか、より正確にイメージできるはずだ。

毎日の生活のなかで、複雑な計算式を目にすることはまずない。それでも、これは15歳のときの僕に向けて言いたいが、身のまわりにあるものは数学が研究したことの成果なのだ。複雑な構造の建物、天気予報、大量のデータに基づく世論調査や予想、検索エンジンやＡＩ。数学の基本的な概念がわかっていれば、これらのことはもっとよく理解できる。世界がますます複雑化しているいま、僕たちはこの状況をあつかいやすくするための「ツール」を手にする必要がある。数学こそ、まさにそのツールだ。しかもそれは、意外と簡単に手に入れられるのだ。

解説

数学者 柳谷 晃

以前、かなり有名な映画監督とラジオで対談したことがありました。その人は数学が非常に苦手だったようです。数学で苦労するなら、学校の中でもっと大切なことを教えるほうがいいのではないかとか言っていました。ラジオを聞いていた私の友人は、椅子から飛び上がったらしいです。私はこういうことにすぐに反応して怒るので、友人は驚いたようです。もちろん私は大人なので、どうして学校で数学が必要なのかをお話ししました。学校で必要ということは、社会で使われているということです。すべての人が数学を得意である必要はありません。しかし、社会の中で必ず何人かが数学ができないといけません。そして、数学がいろいろな場所で使われていることを理解できる程度に、すべての人が数学を知っている必要があります。今、「数学を知っている」と書きました。「理解している」

とは書いていません。本当に理解するのは大変です。しかし、数学の世話になっていることはわからなければなりません。そうでないと、普通に感謝することを忘れます。

その監督さんは大きなことを忘れているようです。現在では、映画を撮影する機材で数学が使われていないものはありません。数学がないと映画は撮《と》れないのです。デジタルカメラは数学と物理の塊のような機械です。かなり昔の機械を使うとしても、数学を使っています。レンズの構造を調べるにしても、数学が必要です。

現代人は生まれたときから便利な世界に住んでいます。便利な道具を使うのが当たり前だと、工夫をしなくなると同時に、傲慢《ごうまん》になるようです。便利な世界が誰かのおかげだという認識を持たなくなるからです。誰かが生きやすい世界を支えているということを理解できない。自分だけで生きていけると思いこんでいますから、知らないというより知ろうとする気持ちにもなりません。そういう社会は、災害に弱くなります。何かが起こったときの対処法を一人一人が知りません。便利が当たり前になって、何かが起こるなんてことも考えないわけです。何も起こったりしないよ、と根拠のない自信を持ってしまいます。根拠のない自信を持った社会ほど脆弱《ぜいじゃく》な社会はありません。

自分はよくわからないけど、いろいろなことに世話になっている。そうわかっているだけでも、社会について考えるヒントになります。そして、自分が何に世話になっているかということを認識しようとします。先ほどの映画監督さんは、数学にたくさん世話になっているにもかかわらず、それを認識していません。その状態では、映像を撮る機械の癖《くせ》もわかりません。もし、もう少し数学のことを知っていたら、もっと自分のほしい映像をより短い時間で撮ることができるでしょう。

他の人も同じです。どこで数学が使われているのか、どのように使われているのか、少しでも理解すると社会との付き合い方が上手になります。

この本はその手助けになります。数学だけが大切なわけではありません。数学は多くの大切なことの1つの例です。しかし、数学は生きている人から一番離れていると思われる分野でもあり、どうしても必要な分野でもあるのです。本当に数学は必要なのか、と思われるかもしれませんが、この本はその誤解を解いてくれるでしょう。数学というと、微分積分が頭に浮かぶ人が多いと思います。ですが、著者はあまり微分積分には触れていません。意図的に触れていないのではないかと思います。微分積分は数学から離れている人には、理解するまでに時間がかかります。数学にはもっと直感的で、すぐに使える道具もあります。そのような道具を著者は選んで解説しています。ですから、この本は数学に詳《くわ》しくなくても、自然に読み進めることができるでしょう。あまり、数学の一般書では触れられていない話題が満載です。ですから、「えっ、こんなところにも数学が」という驚きもあると思います。微分積分があると、どうしても基本を勉強しなくてはならなくなります。この本は大丈夫です。寝転んでも読めます。

第1章の地下鉄の移動ルートからして、数学に縁のない方には驚く話題だと思います。地下鉄の経路と数学に関係があるなんて誰も思わないでしょう。地下鉄のある駅の行き方を考えましょう。隣の駅に行くにも、環状線のように、反対側にぐるっと回る方法もあります。途中から横切ることもできるでしょう。人間が見れば、すぐにこちらが近いとわかってしまいます。ところが、コンピュータを使うと可能な経路をすべて調べてしまいます。その無駄をどうすれば省くことができるでしょうか。さらに、単純に距離だけ考えていいのでしょうか。電車のダイヤの問題もあります。乗り換えの時間を考えに入れて、速い移動を考えることが必要な人もいます。自分にも記憶があります。速さを第一に考えないといけない仕事のため、甲府から伊豆半島への移動でした。講演が重なった日でした。甲府から東京駅に戻って新幹線に乗ることを考えました。そのとき友人が、八王子まで戻り、横浜線で横浜、横浜から新幹線を利用するのが最速だと教えてくれました。こんなことをコンピュータで判断するには、移動速度と乗り換え時間を情報に入れる必要があります。

なるほどと思っても、根本的なことを考えないといけません。それは、駅と駅をつなぐ路線をどのようにコンピュータに入力するかです。まさに点と線を使った幾何学模様が記憶されるわけです。そして、その線にはコストと時間も乗せないといけません。一番安い移動法はどれか。最速の移動法はどれか。他の要素ももちろん考えられるでしょう。急いでないなら、景色が良いという書き込みが多い路線を考えたいこともあります。現代の人工知能ならこのすべてを考慮して、選択経路を決定できるでしょう。

しかし、そのときも基本は駅と路線の「点と線」です。この考え方は図形を抽象化した考え方から発生しました。プロイセン王国のケーニヒスベルクという場所にえらい人が2人住んでいました。今ここはロシア領カリーニングラードと言います。昔、この町に哲学者カントと、この本で大活躍する数学者オイラーが暮らしていました。

ケーニヒスベルクには川が流れていて、7つの橋が架かっていました。この川はケーニヒスベルクを4つの場所に分けていました。さて、問題はこの橋を二度通らずに、全部を渡ることができるかどうかという問いかけです（本書第7章）。二度通らずにということから、一筆書きの問題を思いついた方もいらっしゃると思います。ただ、この問題をどのように解釈して一筆書きを考えるための図形にするかです。それが、オイラーの天才的なところです。「そんなこと簡単だよ」と思った人は、それ以上進歩は望めません。なぜでしょう。誰も考えたことがないことを最初にできる人には、それがどんなに易しく見えても、才能の光があります。オイラーは川に分けられる4つの場所を点で表現します。橋はその点を結ぶ7つの線で表します。これで、点と線の図形ができて、この線を一筆書きできれば橋を二度渡らずに、7つすべての橋を一度で渡れることになります。

　点と線の図形を、現代数学では「グラフ」と呼んでいます。このグラフはいろいろなことを表すことができます。第1章で取り上げられた駅と線路の例はその典型的な使い方です。現在オイラーの発想から生まれた、グラフを考える数学は「グラフ理論」と呼ばれる数学に育ちました。もちろん、一筆書きができるかどうかを考えることだけではありません。電車の最適な乗り換えを考える経路問題は、いろいろなところに現れます。ある映画を見て気に入った人に、次の映画は何を薦《すす》めたら良いか。そんな宣伝効果を考えることにも使えるのです。この本の最初の問題提起と、第7章にこの話が興味深く語られています。次に見る映画に何を薦めるか、この発想と同じ考え方で宣伝効果をあげる業態はたくさんありそうです。アマゾンで本を買ったお客さんに、次にどの本を薦めるか。食品を買ったときには、そのお客さんにどんな食材を次に薦めれば良いか。応用は無限に進んでいきます。

ただしこれが万能かというと、落とし穴もあるという注意を著者は忘れません。コンピュータには映画はわからない。その通りです。ＡＩの技術が進歩したからといって、人間と同じように、ＡＩが感動するとは限りません。それに、人は百人百様です。同じ映画を見てもどこにどのように感動するか、どこをどのように気に入るかは、まだまだ予測不可能です。

ＡＩが感情を持つかどうかまで、この本は深入りをしていません。これはかなり深い問題なのです。そして、思ったより古い問題です。コンピュータができたときも、議論になりました。ロボットの研究が盛んになったときも議論になりました。単純な学者は、ＡＩは関数なので感情を持たないと言います。コンピュータの研究が盛んになったとき、電気的な回路を使っているコンピュータが感情を持たないと考えること自体がおかしいという議論もありました。そういえば、人間も電気的な信号を含めて、いろいろな情報伝達で出来上がっています。そんなことに、考えが広がっていく本です。

もう１つ興味深い柱が、確率と統計の応用です（本書第６章）。この２つは現在を理解することにも使えるし、未来を予測することにも使えます。そして数値で嘘《うそ》をつけるという、いやな面があります。数値があると、人間はなぜか信じてしまいます。その数値に意味があるかどうかを考えずに信じてしまいます。そこに疑問を提示すると、上司に数字がすべてだなんて怒られたりするわけです。しかし、統計の中で自分の都合の良い数値を作るのは、皆さんが思っているより簡単なことです。本当の数字を使っても、見せ方でどうにでもなります。数値を見るときにどのようなところに注目しなければならないかを、著者は丁寧《ていねい》に説明しています。その点で天気予報は当たらないというのは、正しく現象を見つめれば、反対の意味で文字通り当たっていません。天気予報はかなり当たるのです。こういうことを理解しなければならないというのが著者の意見だと思います。

数字だけに見えそうな数のつながりに、意味を持たせるのが統計です。ちなみに、未来の予想にも使える統計は、英語では「statistics」と言います。この語源は国（国家）を意味する「state」と同じです。国の状態を表す数字を解析するのが統計です。こんなところにも、数学が国家経営に非常に大切だと考えられてきたことがわかります。現在でも、国勢調査のような国家統計の調査は協力しないと、本当は罰則があります。世帯だけでなく、企業に関する国勢調査のような調査も法律で決められています。それだけ、統計は大切な役割を社会の中で担っています。

著者は世論調査に注目しています（本書第6章）。現代は世論調査の時代とも言われています。特にアメリカでは世論調査を民主党も共和党もとても気にしています。ホワイトハウスはもちろん常に気にしています。この本の例では、ヒラリー・クリントン候補とドナルド・トランプ候補の闘いについての世論調査に関して分析しています。一見、クリントン候補が勝つと予想していた世論調査は間違えたように見えます。しかし、選挙制度まで考えて分析すると、世論調査からトランプ候補が勝ってもおかしくないという分析も成り立つのです。ですから、支持率だけを見ても正確な予測は立てられないわけです。数字を見るときには、いろいろな方向から見なければなりません。それをこの本から学んで下さい。自分の意見を無理に通したいので、1つの方向から説得しようとする悪意の人間も世の中にはいます。第二次世界大戦の後のアメリカ大統領選挙で、トルーマン大統領が負けるという結論を出した世論調査がありました。こちらは、世論調査の典型的な間違いの例になります。すぐに調べられますから、ご興味のある方は調べてみていただければと思います。

最後に、俳優ニコラス・ケイジさんについての呪いのような数字で、相関関係を簡単に信じてはいけません、という理由がわかることも面白いです。

- Wynn, K. (1992). ‘Addition and Subtraction by Human Infants.’ *Nature* 358, pp. 749–50.
- Xu, W. (2003). ‘Numerosity Discrimination in Infants: Evidence for Two Systems of Representations.’ *Cognition* 89, B15-B25.

※URLは2018年10月の原書刊行時のものです。

- Tabak, J. (2004). *Probability and Statistics: The Science of Uncertainty*. New York: Facts on File.（ジョン・タバク『はじめからの数学(4)確率と統計——不確実性の科学』松浦俊輔訳、青土社）
- *The Economist* (2017a). 'Crime and Despair in Baltimore: As America Gets Safer, Maryland's Biggest City Does Not.' *The Economist*, 29 June 2017. Online at https://www.economist.com/united-states/2017/06/29/crime-and-despair-in-baltimore.
- *The Economist* (2017b). 'The Gender Pay Gap: Women Still Earn a Lot Less than Men, Despite Decades of Equal-Pay Laws. Why?' *The Economist*, 7 October 2017. Online at https://www.economist.com/international/2017/10/07/the-gender-pay-gap.
- *The Economist* (2018). 'The Average American is Much Better Off Now than Four Decades Ago: Estimates of Income Growth Vary Greatly Depending on Methodology.' *The Economist*, 31 March 2018. Online at https://www.economist.com/finance-and-economics/2018/03/31/the-average-american-is-much-better-off-now-than-four-decades-ago.
- Vargas, J., López, J., Salas, C. et al. (2004). 'Encoding of Geometric and Featural Spatial Information by Goldfish (*Carassius auratus*).' *Journal of Comparative Psychology* 118 (2), pp. 206–16.
- Wang, F. and Spelke, E. (2002). 'Human Spatial Representation: Insights from Animals.' *Trends in Cognitive Science* 6 (9), pp. 376–82.
- Wassman, J. and Dasen, P. (1994). 'Yupno Number System and Counting.' *Journal of Cross-Cultural Psychology* 25 (1), pp. 78–94.
- Wigner, E. P. (1960). 'The Unreasonable Effectiveness of Mathematics in the Natural Sciences.' *Communications on Pure and Applied Mathematics* 13 (1), pp. 1–14.
- Wilson, M. (2000). 'The Unreasonable Uncooperativeness of Mathematics in the Natural Sciences.' *The Monist* 83 (2), pp. 296–314.
- Winter, C., Kristiansen, G., Kersting, S. et al. (2012). 'Google Goes Cancer: Improving Outcome Prediction for Cancer Patients by Network-Based Ranking of Marker Genes.' *PLoS Computational Biology* 8 (5), e1002511.

- Robson, E. (2002). 'More than Metrology: Mathematics Education in an Old Babylonian Scribal School.' In: Imhausen, A. and Steele, J. (eds), *Under One Sky: Mathematics and Astronomy in the Ancient Near East*, pp. 325–65. Münster: Ugarit-verlag.
- Sanders, P. and Schultes, D. (2012). 'Engineering Highway Hierarchies.' *Journal of Experimental Algorithms* 17, pp. 1-6.
- Sarnecka, B., Kamenskaya, V., Yamana, Y. et al. (2007). 'From Grammatical Number to Exact Numbers: Early Meanings of One, Two, and Three in English, Russian, and Japanese.' *Cognitive Psychology* 55, pp. 136–68.
- Sarnecka, B. and Lee, M. (2009). 'Levels of Number Knowledge During Early Childhood.' *Journal of Experimental Child Psychology* 103, pp. 325–37.
- Schlote, A., Crisostomi, E., Kirkland, S. et al. (2012). 'Traffic Modelling Framework for Electric Vehicles.' *International Journal of Control* 85 (7), pp. 880–97.
- Shafer, G. (1990). 'The Unity and Diversity of Probability.' *Statistical Science* 5 (4), pp. 435–562.
- Shaki, S. and Fischer, M. (2008). 'Reading Space into Numbers: A Cross-Linguistic Comparison of the SNARC Effect.' *Cognition* 108, pp. 590–99.
- Shaki, S. and Fischer, M. (2012). 'Multiple Spatial Mappings in Numerical Cognition.' *Journal of Experimental Psychology: Human Perception and Performance* 38 (3), pp. 804–9.
- Spelke, E. (2011). 'Natural Number and Natural Geometry.' In: Brannon, E. and Dehaene, S. (eds), *Time and Number in the Brain: Searching for the Foundations of Mathematical Thought Attention & Performance* XXIV, pp. 287–317. Oxford: Oxford University Press.
- Steiner, M. (1998). *The Applicability of Mathematics as a Philosophical Problem*. Cambridge, MA: Harvard University Press.
- Stigler, S. (1986). *The History of Statistics: The Measurement of Uncertainty before 1900*. Cambridge, MA: Harvard University Press.
- Syrett, K., Musolino, J. and Gelman, R. (2012). 'How Can Syntax Support Number Word Acquisition?' *Language Learning and Development* 8, pp. 146–76.

of the Eighteenth Biennial Conference of The Australian Association of Mathematics Teachers, Australian Association of Mathematics Teachers Inc., Adelaide, pp. 157–67.

- Owens, K. (2001b). 'The Work of Glendon Lean on the Counting Systems of Papua New Guinea and Oceania.' *Mathematics Education Research Journal* 13 (1), pp. 47–71.
- Owens, K. (2012). 'Papua New Guinea Indigenous Knowledges about Mathematical Concept.' *Journal of Mathematics and Culture* 6 (1), pp. 20–50.
- Owens, K. (2015). *Visuospatial Reasoning: An Ecocultural Perspective for Space, Geometry and Measurement Education*. Cham: Springer International Publishing.
- Pica, P., Lemer, C., Izard, V. et al. (2004). 'Exact and Approximate Arithmetic in an Amazonian Indigene Group.' *Science* 306 (5695), pp. 499–503.
- Pincock, C. (2004). 'A New Perspective on the Problem of Applying Mathematics.' *Philosophia Mathematica* 12 (2), pp. 135–61.
- Pucci, A., Gori, M. and Maggini, M. (2006). 'A Random-Walk Based Scoring Algorithm Applied to Recommender Engines.' In: Nasraoui, O., Spiliopoulou, M., Srivastava, J. et al. (eds), *Advances in Web Mining and Web Usage Analysis*. WebKDD 2006. Lecture Notes in Computer Science, vol. 4811, pp. 127–46. Heidelberg: Springer Berlin.
- Radford, L. (2008).'Culture and Cognition: Towards an Anthropology of Mathematical Thinking'. In: English, L. (ed.), *Handbook of International Research in Mathematics Education*, 2nd edition, pp. 439–64. New York: Routledge.
- Rice, M. and Tsotras, V. (2012). 'Bidirectional A* Search with Additive Approximation Bounds.' In: *Proceedings of the Fifth Annual Symposium on Combinatorial Search*. SOCS 2012.
- Ritter, J. (2000). 'Egyptian Mathematics.' In: Selin, H. (ed.), *Mathematics Across Cultures: The History of Non-Western Mathematics*, pp. 115–36. Dordrecht: Kluwer Academic Publishers.
- Robson, E. (2000). 'The Uses of Mathematics in Ancient Iraq, 6000–600 BC.' In: Selin, H. (ed.), *Mathematics Across Cultures: The History of Non-Western Mathematics*, pp. 93–113. Dordrecht: Kluwer Academic Publishers.

Spontaneously Reorient by Three-Dimensional Environmental Geometry, Not by Image Matching.' *Biology Letters* 8 (4), pp. 492–4.

• Li, P., Ogura, T., Barner, D. et al. (2009). 'Does the Conceptual Distinction Between Singular and Plural Sets Depend on Language?' *Developmental Psychology* 45 (6), pp. 1644–53.

• Lützen, J. (2011). 'The Physical Origin of Physically Useful Mathematics.' *Interdisciplinary Science Reviews* 36 (3), pp. 229–43.

• Madden, D. and Keri, A. (2009). 'The Mathematics behind Polling.' Online at http://math.arizona.edu/~jwatkins/505d/Lesson_12.pdf.

• Malet, A. (2006). 'Renaissance Notions of Number and Magnitude.' *Historia Mathematica* 33, pp. 63–81.

• Melville, D. (2002). 'Ration Computations at Fara: Multiplication or Repeated Addition?' In: Steele, J. and Imhausen, A. (eds), *Under One Sky: Astronomy and Mathematics in the Ancient Near East*, pp. 237–52. Münster: Ugarit-Verlag.

• Melville, D. (2004). 'Poles and Walls in Mesopotamia and Egypt.' Historia Mathematica 31, pp. 148–62.

• Mercer, A., Deane, C. and McGeeny, K. (2016). 'Why 2016 Election Polls Missed Their Mark.' *Pew Research Center*, 9 November 2016. Online at http://www.pewresearch.org/fact-tank/2016/11/09/why-2016-election-polls-missed-their-mark/.

• Morrisson, J., Breitling, R., Higham, D. et al. (2005). 'GeneRank: Using Search Engine Technology for the Analysis of Micro-array Experiments.' *BMC Bioinformatics* 6, p. 233.

• Negen, J. and Sarnecka, B. (2012). 'Number-Concept Acquisition and General Vocabulary Development.' *Child Development* 83 (6), pp. 2019–27.

• Nuerk, H., Moeller, K. and Willmes, K. (2015). 'Multi-digit Number Processing: Overview, Conceptual Clarifications, and Language Influences.' In: Kadosh, C. and Dowker, A. (eds), *The Oxford Handbook of Numerical Cognition*, pp. 106–39. Oxford: Oxford University Press.

• Núñez, R. (2017). 'Is There Really an Evolved Capacity for Number?' *Trends in Cognitive Sciences* 21, pp. 409–24.

• Owens, K. (2001a). 'Indigenous Mathematics: A Rich Diversity.' In: *Proceedings* fessional Intellectual Autonomy.' *Educational Studies in Mathematics* 66, pp. 257–71.

- Høyrup, J. (2014). 'A Hypothetical History of Old Babylonian Mathematics: Places, Passages, Stages, Development.' *Ganita Bharati* 34, pp. 1–23.
- Høyrup, J. (2014b). 'Written Mathematical Traditions in Ancient Mesopotamia: Knowledge, Ignorance, and Reasonable Guesses.' In: Bawanypeck, D. and Imhausen, A. (eds), *Traditions of Written Knowledge in Ancient Egypt and Mesopotamia*. Proceedings of two workshops held at Goethe University, Frankfurt/Main, December 2011 and May 2012, pp. 189–213. Münster: Ugarit-Verlag.
- Huff, D. (1954). *How to Lie with Statistics*. New York: W. W. Norton & Company.（ダレル・ハフ『統計でウソをつく法――数式を使わない統計学入門』高木秀玄訳、講談社）
- Imhausen, A. (2003a). 'Calculating the Daily Bread: Rations in Theory and Practice.' *Historia Mathematica* 30, pp. 3–16.
- Imhausen, A. (2003b). 'Egyptian Mathematical Texts and Their Contexts.' *Science in Context* 16 (3), pp. 367–89.
- Imhausen, A. (2006). 'Ancient Egyptian Mathematics: New Perspectives on Old Sources.' *The Mathematical Intelligencer* 28 (1), pp. 19–27.
- Izard, V., Pica, P., Spelke, E. et al. (2011). *Proceedings of the National Academy of Sciences* 108 (24), pp. 9782–7.
- Kennedy, C., Blumenthal, M., Clement, S. et al. (2017). 'An Evaluation of 2016 Election Polls in the U.S.' *American Association for Public Opinion Research*, report published 4 May 2017. Online at https://www.aapor.org/Education-Resources/Reports/An-Evaluation-of-2016-Election-Polls-in-the-U-S.aspx.
- Kleiner, I. (2001). 'History of the Infinitely Small and the Infinitely Large in Calculus.' *Educational Studies in Mathematics* 48, pp. 137–74.
- Langville, A. and Meyer, C. (2004). 'Deeper Inside PageRank.' *Internet Mathematics* 1 (3), pp. 335–80.
- Lax, P. and Terrell, M. (2014). *Calculus With Applications*. Dordrecht: Springer.
- Lee, S., Spelke, E. and Vallortigara, G. (2012). 'Chicks, like Children,

5–32.

- Fresnel, A. (1831). 'Über das Gesetz der Modificationen, welche die Reflexion dem polarisirten Lichte einprägt.' *Annalen der Physik* 98 (5), pp. 90–126.
- Geisberger, R., Sanders, P., Schultes, D. and Delling, D. (2008). 'Contraction Hierarchies: Faster and Simpler Hierarchical Routing in Road Networks.' In: McGeoch C.C. (ed.), *Experimental Algorithms*. WEA 2008. Lecture Notes in Computer Science, vol. 5038, pp. 319–33. Heidelberg: Springer Berlin.
- Gleich, D. (2015). 'PageRank Beyond the Web.' *SIAM Review* 57 (3), pp. 321–63.
- Gordon, P. (2004). 'Numerical Cognition without Words: Evidence from Amazonia.' *Science* 306, pp. 496–9.
- Gori, M. and Pucci, A. (2007). 'ItemRank: A Random-Walk Based Scoring Algorithm for Recommender Engines.' *IJCAI-07 Proceedings of the 20th International Joint Conference on Artificial Intelligence*, pp. 2766–71.
- Hamming, R. (1980). 'The Unreasonable Effectiveness of Mathematics.' *American Mathematical Monthly* 87 (2), pp. 81–90.
- Hensley, S. (2008). 'Too Much Safety Makes Kids Fat.' *Wall Street Journal*, 13 August 2008. Online at https://blogs.wsj.com/health/2008/08/13/too-much-safety-makeskids-fat/.
- Hermer, L. and Spelke, E. (1994). 'A Geometric Process for Spatial Reorientation in Young Children.' *Nature* 370, pp. 57–9.
- Hodgkin, L. (2005). *A History of Mathematics: From Mesopotamia to Modernity*. Oxford: Oxford University Press.（ルーク・ホッジキン『数学はいかにして創られたか――古代から現代にいたる歴史的展望』阿部剛久、竹之内脩訳、共立出版）
- Høyrup, J. (2001). 'Early Mesopotamia: A Statal Society Shaped by and Shaping Its Mathematics.' Contribution to *Les mathématiques et l'état*, CIRM Luminy, 15–19 October 2001. Photocopy, Roskilde University. Online at http://akira.ruc. dk/~jensh/Publications/2001 per cent7BK per cent7 D04_ Lumi ny.pdf.
- Høyrup, J. (2007). 'The Roles of Mesopotamian Bronze Age Mathematics: Tool for State Formation and Administration – Carrier of Teachers' Pro-

pology 46 (4), pp. 621–46.

- Ezzamel, M. and Hoskin, K. (2002). 'Retheorizing Accounting, Writing and Money with Evidence from Mesopotamia and Ancient Egypt.' *Critical Perspectives on Accounting* 13, pp. 333–67.
- Feigenson, L., Carey, S. and Hauser, M. (2002). 'The Representations Underlying Infants' Choice of More: Object Files versus Analog Magnitudes.' *Psychological Science* 13 (2), pp. 150–56.
- Feigenson, L. and Carey, S. (2003). 'Tracking Individuals via Object Files: Evidence from Infants' Manual Search.' *Developmental Science* 6 (5), pp. 568–84.
- Feigenson, L., Dehaene, S. and Spelke, E. (2004). 'Core systems of Number.' *Trends in Cognitive Sciences* 8 (7), pp. 307–14.
- Ferreirós, J. (2015). *Mathematical Knowledge and the Interplay of Practices*. Princeton: Princeton University Press.
- Fias, W. and Fischer, M. (2005). 'Spatial Representation of Number.' In: Campbell, J. (ed.), *Handbook of Mathematical Cognition*, pp. 43–54. New York: Psychology Press.
- Fias, W., Van Dijck, J. and Gevers, W. (2011). 'How Is Number Associated with Space? The Role of Working Memory.' In: Dehaene, S. and Brannon, E. (eds), *Space, Time and Number in the Brain: Searching for the Foundations of Mathematical Thought*, pp. 133–48. Amsterdam: Elsevier Science.
- Fienberg, S. (1992). 'A Brief History of Statistics in Three and One-Half Chapters: A Review Essay.' *Statistical Science* 7 (2), pp. 208–25.
- Fischer, R. (1956). 'Mathematics of a Lady Tasting Tea.' In: Newman, J. (ed.), *The World of Mathematics*, bk. III, vol. VIII, Statistics and Design of Experiments, pp. 1514–21. New York: Simon & Schuster.
- Franceschet, M. (2011).'PageRank: Standing on the Shoulders of Giants.' *Communications of the ACM* 54 (6), pp. 92–101.
- Frank, M., Everett, D., Fedorenko, E. et al. (2008). 'Number as a Cognitive Technology: Evidence from Pirahã Language and Cognition.' *Cognition* 108, pp. 819–24.
- Freedman, D. (1999). 'From Association to Causation: Some Remarks on the History of Statistics.' *Journal de la société française de statistique* 140 (3), pp.

Terms of the Paradigmatic in Mathematics in Ancient China.' *Science in Context* 16 (3), pp. 413–58.
- Cheng, K. (1986). 'A Purely Geometric Module in the Rat's Spatial Representation.' *Cognition* 23, pp. 149–78.
- Christensen, H. (2015). 'Banking on Better Forecasts: The New Maths of Weather Prediction.' *The Guardian*, 8 January 2015. Online at https://www.theguardian.com/science/alexs-adventures-in-numberland/2015/jan/08/banking-forecasts-maths-weather-prediction-stochastic-processes.
- Colyvan, M. (2001). 'The Miracle of Applied Mathematics.' *Synthese* 127 (3), pp. 265–78.
- Cullen, C. (2002). 'Learning from Liu Hui? A Different Way to Do Mathematics.' *Notices of the AMS* 49 (7), pp. 783–90.
- Dehaene, S., Bossini, S. and Giraux, P. (1993). 'The Mental Representation of Parity and Number Magnitude.' *Journal of Experimental Psychology: General* 122, pp. 371–96.
- Dehaene, S., Izard, V., Pica, P. et al. (2006). 'Core Knowledge of Geometry in an Amazonian Indigene Group.' *Science* 311, pp. 381–4.
- Doeller, C., Barry, C. and Burgess, S. (2010). 'Evidence for Grid Cells in a Human Memory Network.' *Nature* 463, pp. 657–61.
- Dorato, M. (2005). 'The Laws of Nature and The Effectiveness of Mathematics.' In: *The Role of Mathematics in Physical Sciences*, pp. 131–44. Dordrecht: Springer.
- Edwards, C. (1979). *The Historical Development of the Calculus*. Dordrecht: Springer.
- Englund, R. (2000). 'Hard Work – Where Will It Get You? Labor Management in Ur III Mesopotamia.' *Journal of Near Eastern Studies* 50 (4), pp. 255–80.
- Ekstrom, A., Kahana, M., Caplan, J. et al. (2003). 'Cellular Networks Underlying Human Spatial Navigation.' *Nature* 425, pp. 184–7.
- Epstein, R. and Kanwisher, N. (1998). 'A Cortical Representation of the Local Visual Environment.' *Nature* 392, pp. 598–601.
- Everett, D. (2005). 'Cultural Constraints on Grammar and Cognition in Pirahã: Another Look at the Design Features of Human Language.' *Current Anthro-*

参考文献

- Barner, D., Thalwitz, D., Wood, J. et al. (2007). 'On the relation between the acquisition of singularplural morpho-syntax and the conceptual distinction between one and more than one.' *Developmental Science* 10 (3), pp. 365–73.
- Batterman, R. (2009). 'On the explanatory role of mathematics in empirical science.' *The British Journal for the Philosophy of Science*, pp. 1–25.
- Bauchau, O. and Craig, J. (2009). *Structural Analysis. With Applications to Aerospace Structures*. Dordrecht: Springer.
- Bianchini, M., Gori, M. and Scarselli, F. (2005). 'Inside PageRank'. *ACM Transactions on Internet Technology* 5 (1), pp. 92–128.
- Boyer, C. (1970). 'The History of the Calculus.' *The Two-Year College Mathematics Journal* 1 (1), pp. 60–86.
- Brin, S., & Page, L. (1998). 'The Anatomy of a Large-Scale Hyper-textual Web Search Engine.' *Computer Networks and ISDN Systems* 30, pp. 107–17.
- Bueno, O. and Colyvan, M. (2011). 'An Inferential Conception of the Application of Mathematics.' *Noûs* 45 (2), pp. 345–74.
- Buijsman, S. (2019). 'Learning the Natural Numbers as a Child'. *Noûs* 53 (1), 3-22.
- Burton, D. (2011). *The History of Mathematics: An Introduction*, 7th edition. McGraw Hill, New York.
- Carey, S. (2009). 'Where Our Number Concepts Come From.' *Journal of Philosophy* 106 (4), pp. 220–54.
- Cartwright, B. and Collett, T. (1982). 'How Honey Bees Use Landmarks to Guide Their Return to a Food Source.' *Nature* 295, pp. 560-64.
- Chemla, K. (1997). 'What is at Stake in Mathematical Proofs from Third-Century China?' *Science in Context* 10 (2), pp. 227–51.
- Chemla, K. (2003). 'Generality Above Abstraction: The General Expressed in

著者

ステファン・ボイスマン Stefan Buijsman

1995年、オランダ、ライデン生まれ。15歳でライデン大学に入学し、天文学、コンピュータサイエンス、哲学を学ぶ。18歳で修士号を取得。その後、スウェーデン、ストックホルム大学で通常4年の課程を18か月で修了、20歳でストックホルム大学最年少博士号を取得。現在はストックホルムの研究機関で数学の哲学の特別研究員（PD）。2018年、数学がテーマの児童書（共著）を刊行。同年に刊行された本書『公式より大切な数学の話をしよう』は18か国で出版が決定したほか、オランダ文学基金による「2018年注目のノンフィクション10冊」にも選出された。2020年、AIをテーマにした新作を上梓。オランダ、デン・ハーグ在住。

訳者

塩崎香織（しおざき・かおり）

オランダ語を中心とした翻訳・通訳者。国際基督教大学卒。訳書に『ウイルス！　細菌！　カビ！　原虫！――微生物のことがよくわかる「20」の話』ヘールト・ブーカールト、セバスチアーン・ファン・ドーニンク（共訳、くもん出版）、『誰がネロとパトラッシュを殺すのか――日本人が知らないフランダースの犬』ディディエ・ヴォルカールト、アン・ヴァン・ディーンデレン（岩波書店）など。

解説

柳谷 晃（やなぎや・あきら）

早稲田大学高等学院数学科教諭、早稲田大学理工学術院兼任講師、早稲田大学複雑系高等学術研究所研究員。早稲田大学大学院理工学研究科数学専攻博士課程修了。専門は微分方程式とその応用。受験参考書から数学の解説書まで幅広い著作活動を行う。著作に『数学はなぜ生まれたのか？』（文藝春秋）、『ぼくらは「数学」のおかげで生きている』（実務教育出版）など多数。

翻訳協力　株式会社リベル
数学監修　川瀬俊宏
校正　河本乃里香
カバー写真　Merlijn Doomernik
帯写真　Anna-Karin Landin
組版　アーティザンカンパニー

公式より大切な「数学」の話をしよう

2020年8月30日　第1刷発行

著者　ステファン・ボイスマン
訳者　塩崎香織
発行者　森永公紀
発行所　NHK出版
〒150-8081　東京都渋谷区宇田川町41-1
電話　0570-009-321（問い合わせ）　0570-000-321（注文）
ホームページ　https://www.nhk-book.co.jp
振替　00110-1-49701
印刷　亨有堂印刷所／大熊整美堂
製本　ブックアート

Printed in Japan　ISBN978-4-14-081828-2 C0098